Tous nos ouvrages sont disponibles aux

Éditions Decoopman
Ferrières
30440 Saint-Laurent-le-Minier
Tel : +33 (0)4.67.73.90.95
web : www.decoopman.com
e.mail : livres@decoopman.com

Olivier Lacaux
Jean Castanier

I.S.B.N. 978-2-36965-216-8
Dépôt légal : 4e trimestre 2024

Ouvrages parus
aux Éditions **Decoopman**
Collection « ***Sciences & Techniques*** »

Auto / Moto

- *Embrayages & Feins* - R. Champly
- *Le carburateur* - R. Bardin
- *ABC des moteurs électriques* - R. Bardin
- *ABC du moteur Diesel* - A. Colmant
- *ABC du moteur de voiture* - L. Chrétien & R. Daman
- *ABC de l'allumage électrique des automobiles* - M. Apolit
- *ABC de l'allumage Delco* - A.M. Touvy
- *ABC de la moto* - Roland Tessier
- *ABC du carburateur* - M. Apolit
- *Motocyclettes et side-cars* - M. Zerolo

Chemins de fer

- *La locomotive* - U. Lamalle & F. Legein
- *La machine locomotive* – E. Sauvage
- *Les chemins de fer* – A. Guillemin
- *Locomotive & Chemin de Fer* – L. Figuier

Électricité

- *Des électromoteurs* - T. du Moncel
- *La machine de Gramme* - A. Breguet
- *La bobine Ruhmkorff* - A. Loiseau

Horlogerie

- *Encliquetages*
- *Échappements à ancre* - École de Cluses
- *Guide-manuel de l'Horloger* - C. Saunier
- *Histoire de l'Horlogerie* - P. Dubois
- *L'Horloger* - C. Poncet
- *L'art de connaître les montres* - J. Gondy
- *L'art de l'Horlogerie enseigné en trente leçons* - Anonyme
- *Les merveilles de l'Horlogerie* - Graffigny
- *L'horlogerie électrique* - G. Tobler
- *Traité d'horlogerie moderne* - C. Saunier

Hydraulique

- *Traité d'hydraulique* - N. Boquillon
- *Machines destinées à l'élévation des eaux* - A. Morin

Marine

- *La Marine française* - F. Roux
- *Des bateaux aux couleurs de la Gironde* - F. Jouison
- *Abécédaire des forces sous-marines* - P. Nôtre & J. L. Vichot
- *La Marine de guerre* – L. Huard
- *La Marine de guerre – A. Sauvaire-Jourdan*
- *La navigation sous-marine* – G.L. Pesce
- *Les bateaux automobiles à pétrole* - R. Champly
- *Les paquebots à grande vitesse – M. Dumoulin*
- *Les Torpilles* – E. Hennebert
- *Sous-marins & submersibles - Max Laubeuf*
- *L'Artillerie moderne (Le monde industriel)* – L. Huard

Mécanique

- *507 Mouvements mécaniques* – H. Brown
- *760 mouvements mécaniques* - G. Vander Haeghen
- *Appareils d'obturation* - J. Gary et A. Druot
- *Des mécanismes élémentaires* - L.E. Loche
- *Engrenages & Transmissions* – G. Franche
- *Engrenages et vis sans fin* - R. Champly
- *Les Machines* – E. Collignon

Ouvrages parus
aux Éditions **Decoopman**
Collection « ***Sciences & Techniques*** »

Mécanique (suite)

- *Les mouvements mécaniques* - M. Nicaise
- *Mécanismes des machines* - H. Leblanc
- *Notions de technologie mécanique* - P. Beauvais
- *Organes de transmission* - R. Champly
- *Organes de machines* - J. Gary et A. Druot
- *Organes auxiliaires des machines* - R. Champly
- *Traité de mécanique industrielle* - S. Flachat
- *Traité pratique des engrenages* - L. Wève
- *Transmission du mouvement* - J. Gary et A. Druot

Métiers

- *Comment on devient forgeron* - R. Champly
- *Forges et fonderies* - G. Franche
- *La serrurerie* - H. Havard
- *Manuel du luthier* - Maugin & Maigne
- *Histoire de l'imprimerie* - P. Lacroix
- *L'art du luthier* - A. Tolbecque
- *Accordeur de pianos* - G. Huberson

Moteurs

- *Réparation et mise au point des moteurs Diesel* - N. L. Erpelding
- *Moteurs d'aviation - France 1920* - R. Bardin
- *Moteurs d'aviation* - C. Martinot-Lagarde
- *Le moteur sans soupape Knight* - A. Contet
- *Les Moteurs* – H. de Graffigny
- *Les moteurs à vent* - R. Champly
- *Moteurs* - Max de Nansouty
- *Moteurs & Gazogènes* – L. Letombe

Moteurs Stirling

- *D'Asap à Rhombic 160* - D. Lyonnet
- *Fabriquer des moteurs Stirling* - A. Ross
- *Petits moteurs Stirling pour l'amateur* – D. Lyonnet

Vapeur

- *Catéchisme des Chauffeurs* - Collectif
- *Distribution de la vapeur* - M. Castelnau
- *Distribution de la vapeur dans les machines* - A. Spineux
- *Gouvernails à vapeur FARCOT* – J. Farcot
- *Histoire de la machine à vapeur* – R.H. Thurston
- *L'A.B.C. du Chauffeur* – H. Mathieu
- *Les bateaux à vapeur* – L. Figuier
- *Les Locomobiles* – L. Figuier
- *Les machines à vapeur* - J.P. Delaby
- *La machine à vapeur* – E. Sauvage
- *La Vapeur – A. Guillemin*
- *Tiroirs et distributeurs de vapeur* – A. Madamet

Technologie des organes des machines

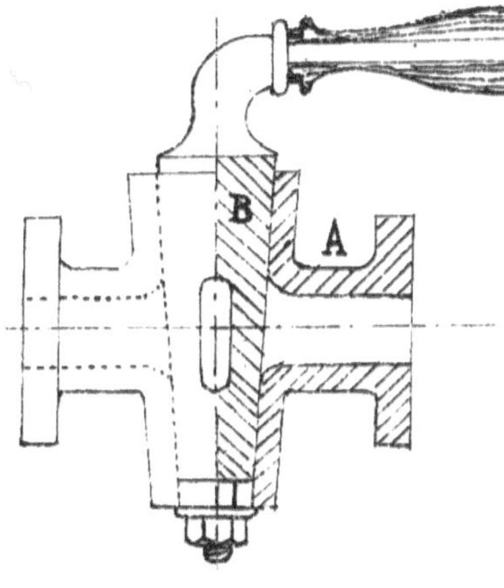

Alexandre MACHERAS

1898

Première partie

RÉSISTANCE DES MATÉRIAUX

Résistance des matériaux

Considérations générales

Dans l'étude d'une machine, il faut s'occuper à la fois de sa forme et des dimensions à donner aux parties qui la composent.

De la forme à donner aux organes. — La forme à donner à un organe est indiquée par le rôle qu'il doit remplir, la position qu'il doit occuper. On doit chercher à obtenir un ensemble d'un effet satisfaisant et faire intervenir le sentiment artistique pour modifier, s'il est besoin, le résultat du calcul.

Il ne faut pas oublier que les formes les plus simples sont les meilleures, et que les pièces doivent être telles qu'on puisse les exécuter presque entièrement aux machines-outils, au tour de préférence.

Des dimensions à donner aux pièces. — Les matériaux employés à la construction des machines résistent, par la cohésion de leurs molécules, à des forces qui produisent des effets bien différents.

Les efforts tendent à éloigner ou à rapprocher les molécules, à courber les corps ou à les tordre.

On distingue 5 principaux genres d'efforts :

1. - L'effort de traction.
2. - — de compression.
3. - — de cisaillement.
4. - — de flexion.
5. - — de torsion.

On dit, selon le cas, qu'une pièce travaille par traction, par compression, etc., et les dimensions de cette pièce doivent être calculées, d'après son genre de travail. Dans la plupart des cas, un examen attentif permet de trouver le mode d'action des efforts.

Si une pièce travaille à la fois de plusieurs façons différentes, on se place, suivant la matière dont elle est formée, dans le cas le plus défavorable.

Effort de Traction

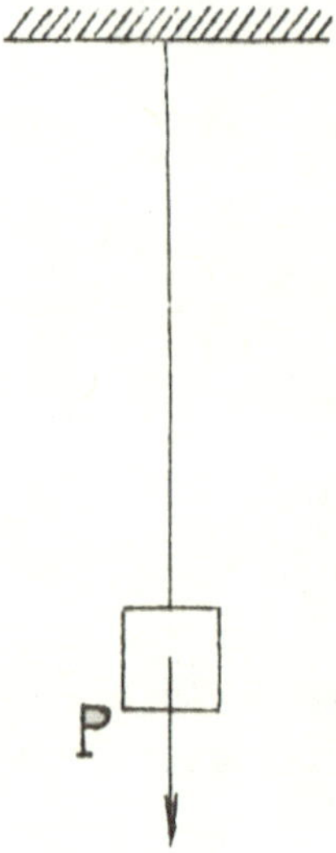

Fig. 1.

C'est un effort qui, agissant dans le sens de la longueur d'une pièce, tend à en éloigner les molécules et par suite à allonger cette pièce.

Un fil de fer (fig. 1), supportant un poids P, travaille par traction.

Si on augmente graduellement la charge, les allongements sont *proportionnels aux efforts* en même temps qu'à la longueur de la pièce.

Si on enlève le poids, le fil revient à sa longueur première.

Toutefois, il arrive un moment où les allongements ne sont plus proportionnels aux charges et où les déformations, une fois réalisées, subsistent. On a dépassé la *limite d'élasticité.*

Si on augmente encore le poids, le fil finira par se rompre. On aura atteint la *charge de rupture.*

Il est évident que cette charge est proportionnelle à la section du corps.

Dans la pratique, pour éviter les effets dus aux surcharges accidentelles, il convient de ne pas dépasser une certaine limite de charge que l'on nomme *coefficient pratique de sécurité.*

On appelle ainsi l'effort en kilogrammes que peut supporter une pièce, en toute sécurité, par unité de section.

Cette charge est pour les métaux environ le sixième de celle qui produit la rupture ; pour le bois elle est d'un dixième.

Nous la désignerons par la lettre R.

Pour les principales matières employées, les valeurs de R pour la traction, la compression et le cisaillement, sont données par le tableau A.

Il est évident que si une pièce a S millimètres carrés de section, elle pourra, en toute sécurité, supporter un effort égal à R × S, et la formule générale de la traction sera : $Q = R \times S$.

Effort de Compression

C'est un effort qui, agissant dans le sens de la longueur d'une pièce, tend à en rapprocher les molécules, à raccourcir le corps.

La colonne représentée par la figure 2 travaille par compression.

De même que pour la traction, les raccourcissements sont proportionnels aux efforts, tant qu'on n'a pas dépassé la limite d'élasticité.

La résistance à la compression est aussi proportionnelle à la section du corps, mais elle diminue si on augmente la longueur de celui-ci sans changer la section.

Nous définirions de la même manière le coefficient de résistance pratique à la compression.

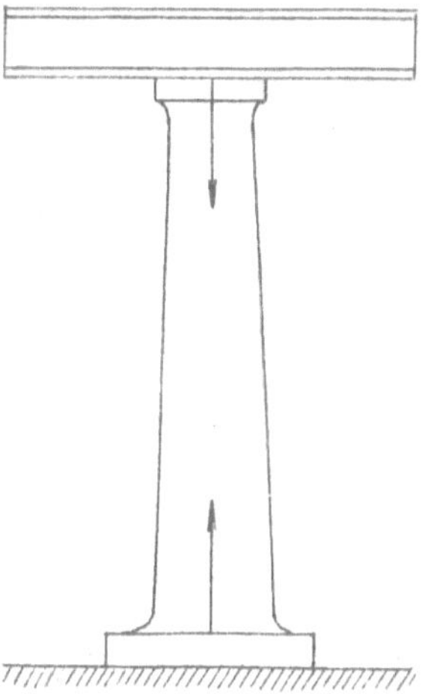

Fig. 2.

L'effort total que peut supporter en toute sécurité, une pièce travaillant par compression est aussi donné par la formule :

$$Q = R \times S$$

Remarque. — Lorsque les pièces ont une grande longueur relativement à leur section, elles tendent à fléchir lorsqu'elles travaillent par compression. Si on veut calculer la section d'un poteau ou d'une colonne dont le rapport entre la longueur et le plus petit côté de la section est supérieur à 12, il convient d'appliquer les formules suivantes :

Formule de Hodgkinson pour les poteaux : $Q = m \times (a^4 / l^2)$

Q, résistance à la rupture en kilog.

l, longueur du poteau en décimètres.

a, côté de la section en centimètres.

m, coefficient égal à 256 pour le chêne fort, 180 pour le chêne faible, 214 pour le bon sapin, 160 pour le sapin ordinaire.

Pour les poteaux circulaires, on peut admettre que la charge est la même que celle des poteaux de même longueur ayant une section carrée équivalente.

Colonnes pleines en fonte ou en fer. — Pour les colonnes pleines en fonte on peut employer la formule :

$$Q = 1900 \times d^4 / l^2$$

Pour les colonnes en fer forgé :

$$Q = 3800 \times d^4 / l^2$$

d est le diamètre en millimètres.
l est la longueur en millimètres.
Q la charge en kilogrammes.

Pour les colonnes creuses en fonte, Reuleaux dit qu'il convient de se donner le diamètre extérieur d_0 ; on calcule ensuite le diamètre intérieur d_1 par la formule :

$$d_1 = d_0 \sqrt{1 - (0{,}2122 (Q / d_0^2))}$$

Il faut, bien entendu, donner à ces colonnes une épaisseur suffisante pour qu'il n'y ait pas de difficultés au moulage.

Effort de Cisaillement

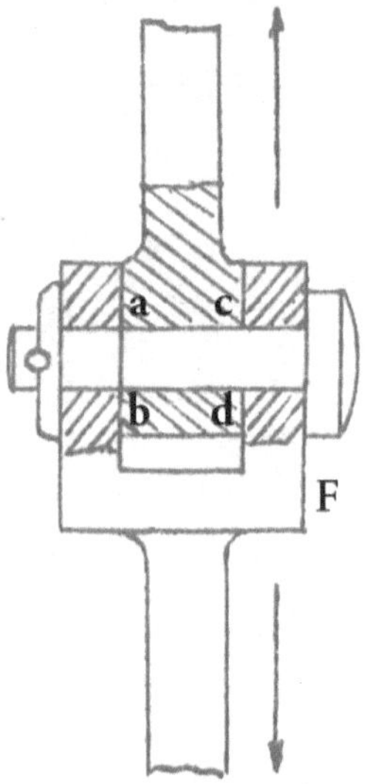

Fig. 3.

C'est un effort transversal qui tend à sectionner les pièces en faisant glisser les molécules des deux parties les unes sur les autres.

L'axe représenté par la figure 3 travaille par cisaillement dans les parties *ab* et *cd.*

La formule générale est encore :

$$Q = R \times S$$

Les burins, les cisailles déterminent ce genre d'effort. Si au lieu de faire travailler le corps en toute sécurité, on veut réellement le couper il faut, dans la formule, remplacer R par R', charge de rupture. Les valeurs de R' sont données par le tableau A.

Effort de flexion

C'est un effort qui, agissant perpendiculairement à l'axe d'une pièce, tend à la courber.

La poutre A représentée par la figure 4, est scellée dans un mur, c'est-à-dire encastrée à une extrémité. Si on la charge d'un poids P, elle prend la position A' : elle travaille par flexion.

Les parties supérieures travaillent par extension, celles inférieures par compression. Ces effets peuvent être visibles à l'œil.

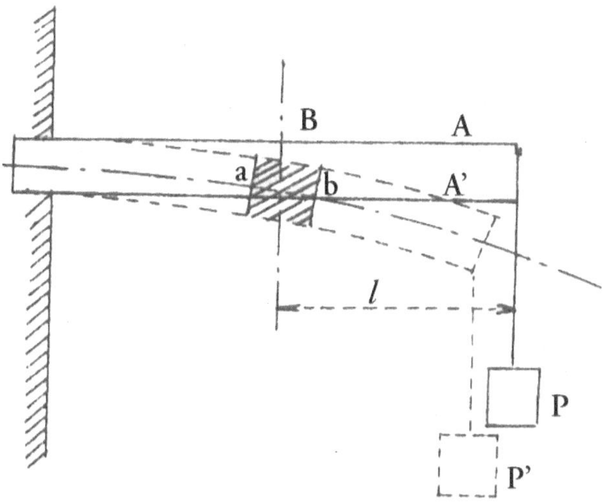

Fig. 4.

Ils sont d'autant moins prononcés qu'on se rapproche de l'intérieur.

Au centre se trouve une couche B où les fibres ne travaillent presque pas et qui est dite : *Couche des fibres neutres.*

Supposons une section *a b* dans la pièce. Son intersection avec la couche des fibres neutres, se nomme l'*axe neutre.* Il passe par le centre de gravité de la section.

C'est autour de cet axe que la section tend à tourner. Il faut donc pour qu'il y ait équilibre par rapport à cet axe, que le moment des forces extérieures égale celui des forces intérieures.

Le moment fléchissant extérieur est évidemment $P \times l$.

La résistance intérieure dépend :

- de la cohésion des molécules, de la nature de la matière.
- de l'étendue et de la forme de la section ou plutôt de la répartition de la matière autour de l'axe neutre.

Pour tenir compte à la fois de ce double facteur, on trouve dans le tableau B des expressions algébriques ou modules, pour les sections les plus employées.

Si R est le coefficient de résistance pratique, Z le module, on a pour formule de la flexion :

Moment fléchissant = Moment des forces moléculaires.

$$P\,l = R\,Z$$

Si l'organe est soumis à des chocs, on ne prend que la moitié des coefficients ci-dessus.

Remarques. — 1° – Ce qui a été dit relativement à la façon dont travaillent les molécules dans les différentes couches, explique qu'à égalité de surface, certaines sections sont plus avantageuses que d'autres.

Un fer méplat travaillera mieux sur champ que sur plat.

L'emploi des fers à planchers, à T, à double T, se trouve aussi justifié. La matière est reportée dans les couches extérieures qui supportent les plus grands efforts.

2° – Il y a une section pour laquelle la force extérieure agit avec un bras de levier maximum ; elle se nomme la *section dangereuse.* On doit calculer les pièces pour cette section qui varie suivant le mode de chargement. Le tableau C indique les plus grands moments fléchissants.

Solides d'égale résistance à la flexion. — Le moment fléchissant variant pour chacune des sections, il est inutile de donner la même surface à chacune d'elles. Il y a économie à donner aux solides des formes particulières, dites d'égale résistance. Le tableau D donne quelques formes de solides d'égale résistance travaillant par flexion.

Effort de Torsion

C'est un effort transversal qui tend à faire tourner un corps autour de son axe (fig. 5). Les arbres de transmission pendant le travail sont à l'état de torsion.

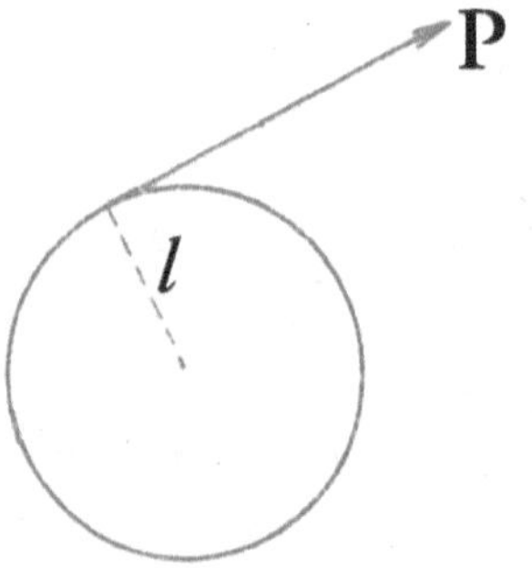

Fig. 5.

De même que pour la flexion, la résistance dépend à la fois de la matière, c'est-à-dire du coefficient de résistance R, de la forme et de la grandeur de la section ou encore du module.

Quant au moment de torsion, il est évidemment égal à la force P multipliée par son bras de levier *l*, et on doit avoir :

$$P\,l = R\,Z$$

Les valeurs de R sont données par le tableau E, celles de Z par le tableau F.

Remarque. — Les 5 formules précédentes sont très générales et ne permettent de résoudre que les problèmes élémentaires de résistance des matériaux. L'étude complète de cette science ne saurait convenir à notre programme. D'autre part on trouvera pour la plupart des organes étudiés, des formules dites empiriques, déduites de l'expérience plutôt que du calcul, et que l'on emploiera pour chaque cas particulier.

Résistance des enveloppes circulaires. — Si on avait à calculer l'épaisseur à donner à une enveloppe mince cylindrique soumise à une pression intérieure (la tôle d'une chaudière, l'enveloppe d'un cylindre à vapeur par exemple), on pourrait employer la formule suivante :

$$e = (qr / R) \times a$$

e, épaisseur de la paroi en centimètres.

q, pression intérieure en kilog. par centimètre carré.

R, coefficient de résistance pratique.

r, le rayon du cylindre en mètres.

a, coefficient égal à 3 m pour la tôle, 6 à 9 m pour la fonte, 5 m pour le cuivre, 6 m pour le bronze.

Si les parois devaient supporter des efforts considérables, comme les presses hydrauliques par exemple, on emploierait la formule de Lamé :

$$e = r\left[\sqrt{(R \times q) / (R - q)} - 1\right]$$

Dans cette formule, R et q étant exprimés par rapport aux mêmes unités, e sera de la même unité que r.

Ces formules sont approximatives.

Tous les coefficients indiqués dans les tableaux suivants sont les moyennes des résultats de nombreuses expériences.

Ces chiffres n'ont rien d'absolu. Le tableau A par exemple donne 65 kilog. comme charge de rupture d'un fil de fer ayant 1 ^{mmq} de section, mais les usines de Firminy fabriquent des fils dont la résistance atteint 200 kilos.

Aussi, dans les aciéries, on répète les expériences chaque fois que la coulée du métal doit servir à une fabrication importante, telle que celle des canons, des essieux des ressorts. Les coefficients sont alors imposés par les cahiers des charges.

Des machines à essayer les métaux permettent de se rendre compte de l'élasticité et des charges de rupture.

Tableau A

Coefficients de charge pratique et de rupture

PRINCIPALES SUBSTANCES employées DANS LES CONSTRUCTIONS	EFFORTS EN KILOGRAMMES par m/m 2					
	CHARGE PRATIQUE			CHARGE DE RUPTURE		
	Traction	Comp.	Cisailt	Traction	Comp.	Cisailt
Fer	7	7	6	40	35	35
Fil de fer	10	—	—	65	—	—
Tôle	7	7	6	35	30	35
Fonte	2,5	7	2	12	75	20
Acier fondu	30	30	22	100	—	65
Acier doux	11	11	10	70	—	50
Cuivre laminé	6	6	5	—	—	—
Bronze	2	3,3	1,5	26	—	—
Cordes en chanvre	0,8	—	—	5	—	—
Courroies en cuir	0,4	—	—	3	—	—
Granit	—	0,6	—	—	6	—
Pierre calcaire	—	0,3	—	—	3	—
Brique ordinaire	—	0,06	—	—	0,6	—
Ciment	—	0,15	—	—	1,5	—
Chaux et Béton	—	0,04	—	—	0,4	—
Bois	1,2	0.35	0,07	12	3,5	0,79

Tableau B

Modules pour les sections les plus employées et par rapport à la flexion

DÉSIGNATION	FORME	MODULE Z	DÉSIGNATION	FORME	MODULE Z
Circulaire		$\frac{d^3\pi}{3}$	Croix	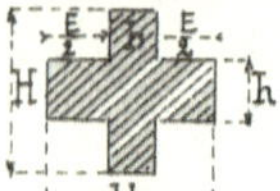	$\frac{bH^3+Eh^3}{6h}$
Circulaire creuse	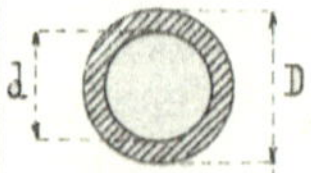	$\frac{\pi}{32}\times\frac{D^4-d^4}{D}$	Section en T	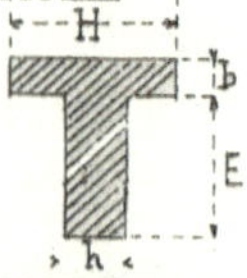	
Carrée	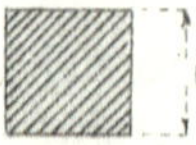	$\frac{C^3}{6}$	Section en U	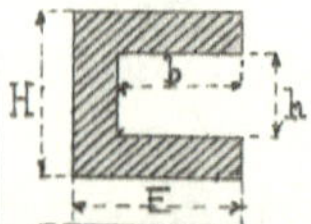	$\frac{EH^3-bh^3}{6H}$
Rectangulaire	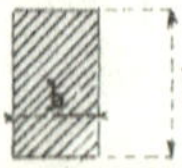	$\frac{1}{6}bh^2$			
Rectangulaire creuse	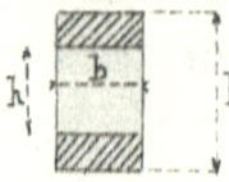	$\frac{1}{6}\frac{b}{H}(H^3-h^3)$	Section double T	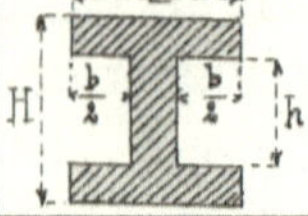	

TABLEAU C

Plus grands moments fléchissants correspondant aux divers chargements

PIÈCES ENCASTRÉES à une extrémité	Plus grands moments fléchissants	PIÈCES SUPPORTÉES aux deux extrémités	Plus grands moments fléchissants
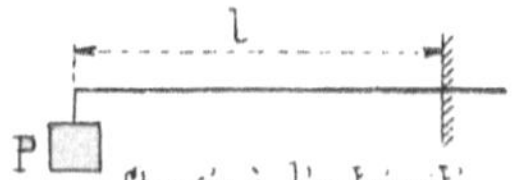 Chargée à l'extrémité	Pl	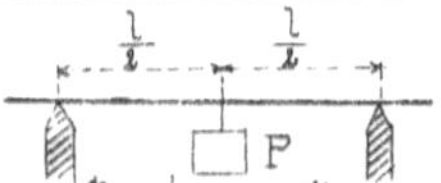 Chargée au milieu	$\frac{Pl}{4}$
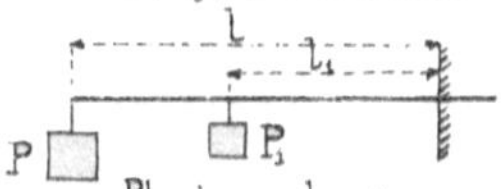 Plusieurs charges	$Pl + P_1 l_1$	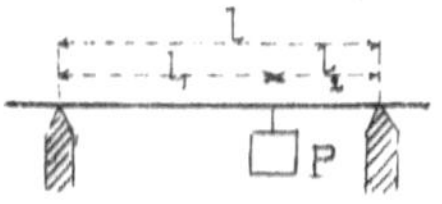 Chargée en un point quelconque	$\frac{P l_1 l_2}{l}$
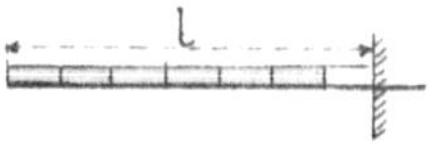 Charge uniformément répartie (p Kilog par mètre de longueur	$p \times \frac{l^2}{2}$	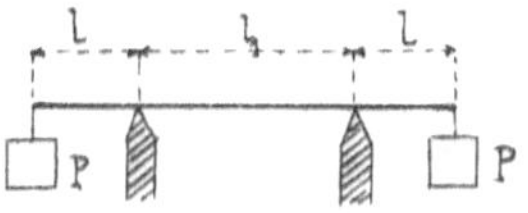 Chargée aux deux extrémités	Pl
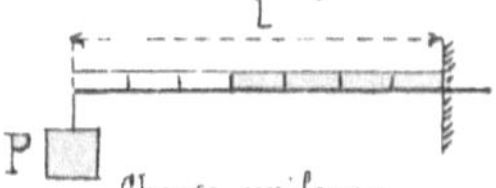 Charge uniforme et un poids P	$p\frac{l^2}{2} + Pl$	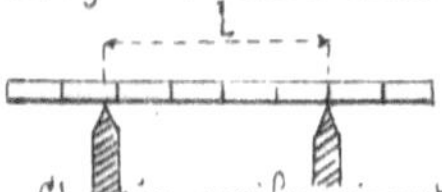 Chargée uniformément	$\frac{pl^2}{8}$
PIÈCES SUPPORTÉES à une extrémité et encastrées à l'autre	**Plus grands moments fléchissants**	**PIÈCES ENCASTRÉES aux deux extrémités**	**Plus grands moments fléchissants**
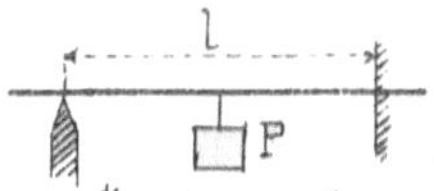 Chargée au milieu	$\frac{3Pl}{16}$	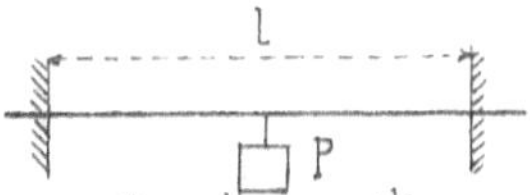 Chargée au milieu	$\frac{Pl}{8}$
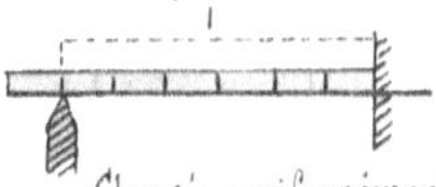 Chargée uniformément	$\frac{pl^2}{8}$	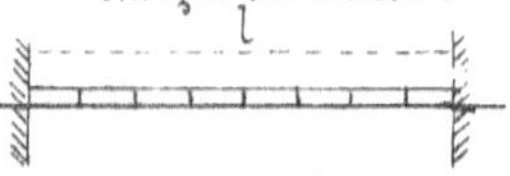 Chargée uniformément	$\frac{pl^2}{12}$

TABLEAU D

Solide d'égale résistance à la flexion

CROQUIS	Courbe limitant les solides	Formules des dimensions	CROQUIS	Courbe limitant les solides	Formules des dimensions
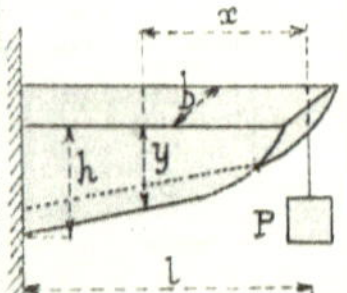	Prisme arrondi paraboliquement	$y^2 = \frac{6P}{bR}x$	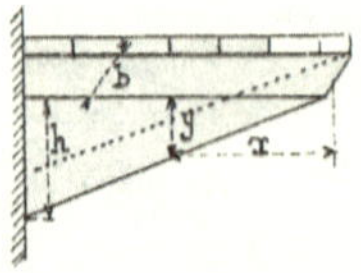	Coin chargé uniformément d'un poids p	$y^2 = \frac{3p}{bR}x^2$
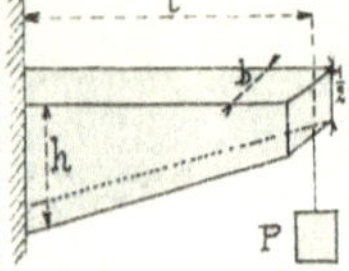	Prisme tronqué (forme approxim^{ve})	$y^2 = \frac{6P}{bR}x$	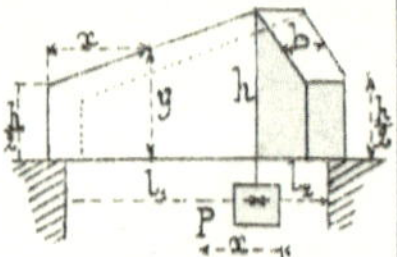	Forme approchée Deux pyramides tronquées	$y^2 = \frac{6Pl_2}{bRl}x$
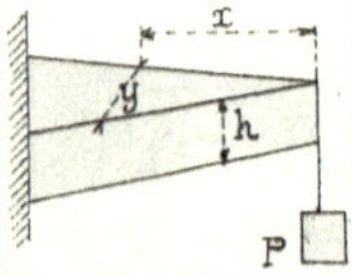	Prisme droit de hauteur uniforme et de largeur variable	$y = \frac{6P}{h^2R}x$	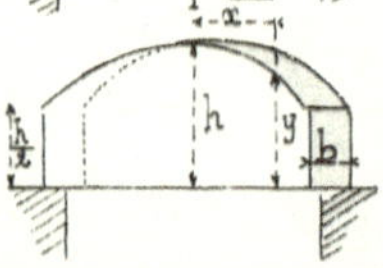	Forme approchée pour charge uniformt répartie arc de cercle	$y^2 = \frac{3p}{4Rb}(l^2 - 4x^2)$

TABLEAU E

Coefficients de sécurité pour la résistance à la torsion

Fonte	190
Fer	548
Acier doux non trempé	914
Acier fondu non trempé	2700
Bois	40

TABLEAU F

Modules pour les sections les plus employées et par rapport à la torsion.

DÉSIGNATION	CERCLE PLEIN	CERCLE CREUX	CARRÉE	RECTANGULAIRE	HEXAGONALE
Forme	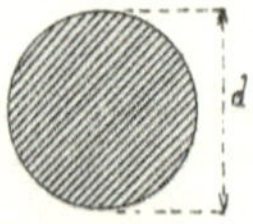	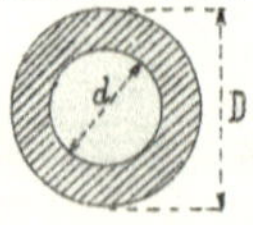	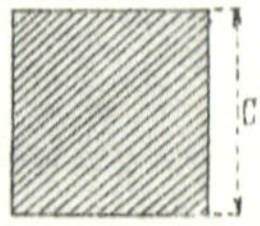	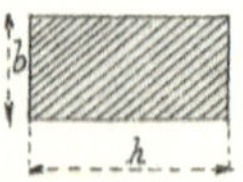	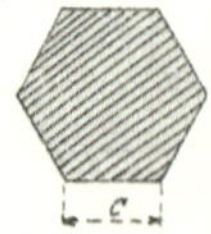
Module Z	$\frac{1}{16}\pi d^3$	$\frac{1}{16}\pi \frac{D^4 - d^4}{D}$	$\frac{c^3}{3\sqrt{2}}$	$\frac{b^2h^2}{3\sqrt{b^2 - h^2}}$	$\frac{5}{8}\sqrt{3} \times c^3$

Deuxième partie

ORGANES DE MACHINES

Chapitre I

Boulons, vis & écrous

Boulons et vis

Les boulons sont des tiges filetées, munies à une extrémité d'une partie fixe ou tête de boulon et à l'autre d'une partie mobile ou écrou.

Les boulons servent à assembler ou à serrer. La forme de la tête varie suivant les cas.

Les têtes les plus employées sont indiquées par les figures 6 à 11.

Le boulon à tête hexagonale dite à 6 pans (fig. 6) est le plus répandu. Il est presque exclusivement employé dans les machines.

Le boulon (fig. 7) est utilisé pour serrer les pièces à travailler sur les tabliers des machines-outils. Les chariots portent des rainures *ad hoc.* Les boulons pour assemblages de menuiserie ou de charpente ont aussi des têtes carrées, leur encastrement est plus facile.

Le boulon à tête conique (fig. 8) s'emploie lorsque la tête gênerait en excédant. Dans ce cas, on peut aussi se servir de la tète cylindrique. L'encastrement se fait avec une mèche.

Les boulons à tête sphérique (fig. 10) conviennent lorsqu'ils doivent alterner avec des rivets.

Le boulon à embase carrée (fig. 11) est employé pour les assemblages de menuiserie.

Lorsque la tête ne porte pas de pans, le boulon est muni d'une partie saillante ou ergot qui l'empêche de tourner en serrant l'écrou.

Les figures 12,13 et 14 représentent des boulons spéciaux sans tête :

un goujon, deux boulons de scellement et un boulon à clavette pour les fondations de machines- outils.

Dans la construction des machines, on doit le plus possible éviter l'emploi des goujons, car le taraudage pratiqué dans la fonte est peu résistant. Si un boulon ne porte pas d'écrou, mais simplement une tête, il se nomme une vis.

Un boulon se désigne par le diamètre de sa tige. C'est au diamètre que se rapportent les autres dimensions.

Tous les boulons d'un même diamètre n'ont pas le même pas. La forme du filet varie également suivant la provenance. Par conséquent, les écrous ne sont pas toujours inter-

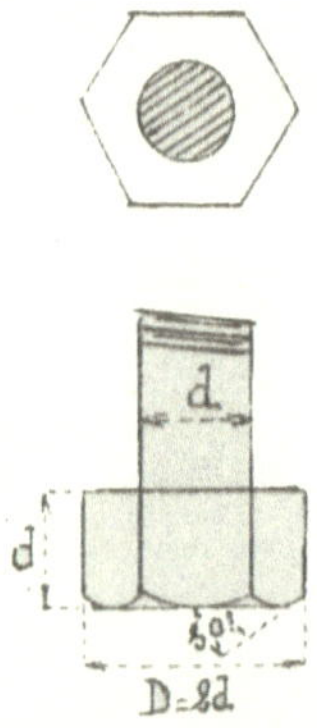

Tête à six pans

Fig. 6

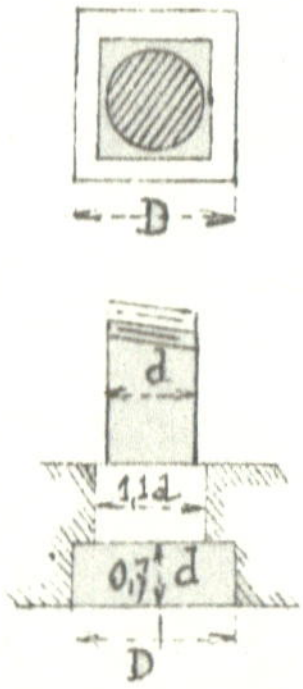

Tête carrée

Fig. 7

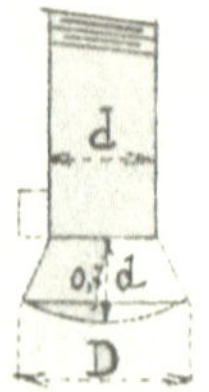

Tête fraisée

Fig. 8

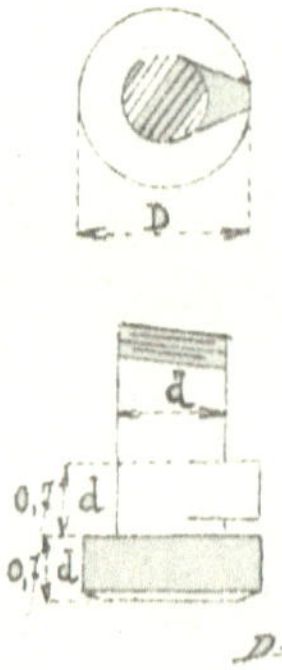

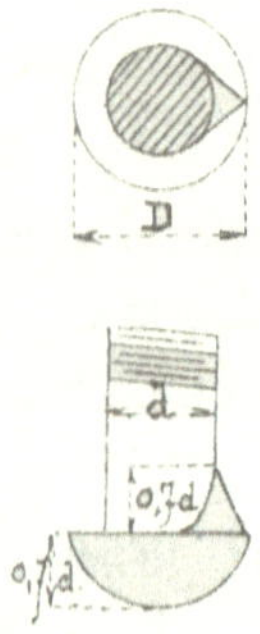

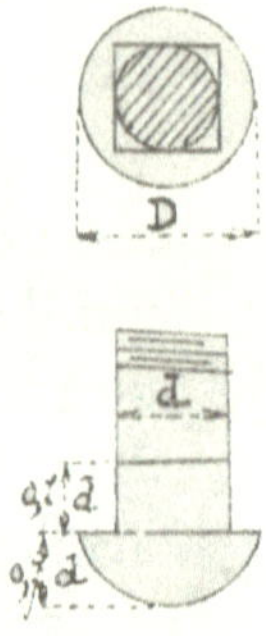

Tête cylindrique

Tête sphérique

Fig. 9

Fig. 10

Fig. 11

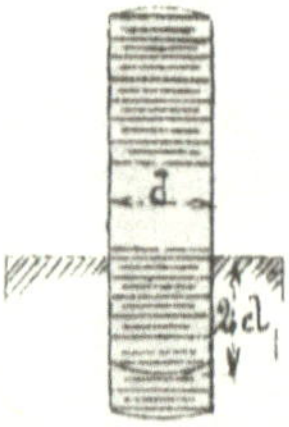

Goujon

Fig. 12

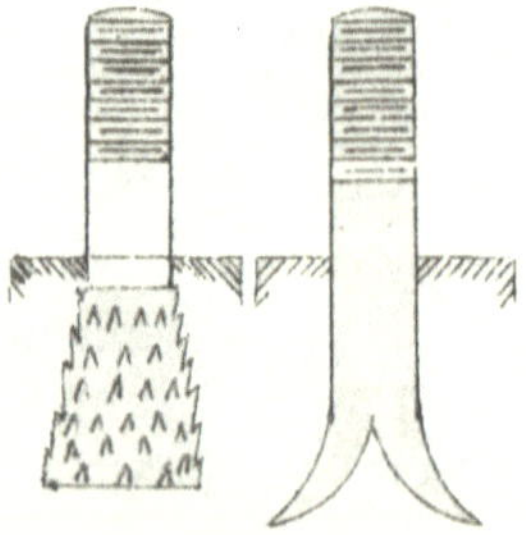

Boulons de scellement

Fig. 13

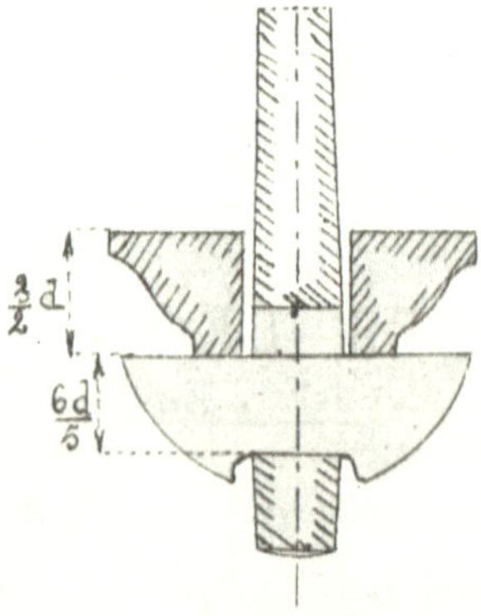

Fig. 14

changeables ; l'outillage des ateliers en est plus compliqué et on se trouve quelquefois en présence de réelles difficultés pour des réparations de machines de provenance étrangère.

Il serait très désirable que tous les systèmes de filets soient unifiés. La Société d'encouragement pour l'Industrie nationale s'est proposé ce but.

En France, tous les grands constructeurs, toutes les grandes administrations ont leur système propre, mais une série très rationnelle et bien répandue est celle dite des Chemins de fer ou Série Cail.

Pour les vis à filet triangulaire, la hauteur du triangle générateur égale le pas (fig. 15), mais les angles sont coupés de un vingtième de *h* et on raccorde par de petits arrondis. La saillie du filet égale les neuf dixièmes du pas.

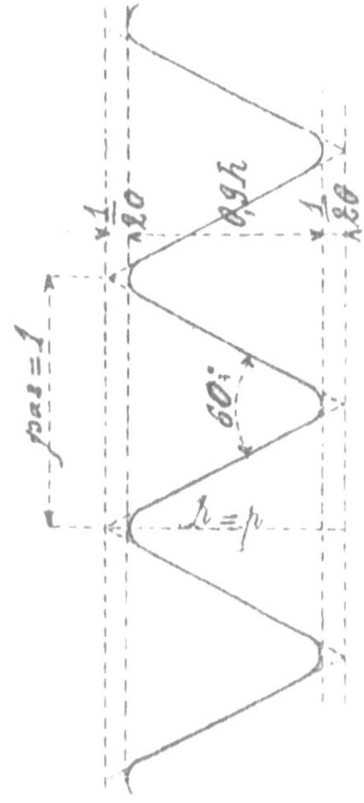

Fig. 15.

Série à filets triangulaires, Cail, chemins de fer :

Diamètres	4-6	8-10-12	15-18	20-23	25-28-30-32	35-38	40-45	50
Pas	1	1,5	2	2,5	3	3,5	4	4,5

Série à filets carrés, Gail :

Diamètres	25	30	35	40	45	50	55	60	65	70	75	80	85	90	95	100
Pas	4	4,5	5	5,5	6	7	8	9	10	11	12	13	14	15	16	17

En Angleterre on a adopté le système Withwoorth (fig. 16) qui ne concorde pas avec le système métrique.

Sellers

Fig. 17

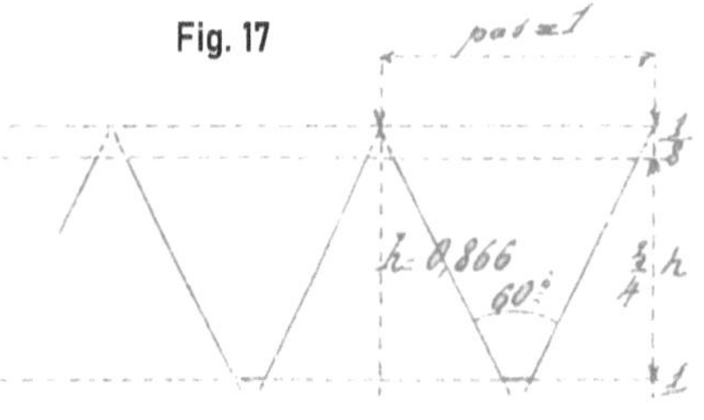

Whitworth

Fig. 16

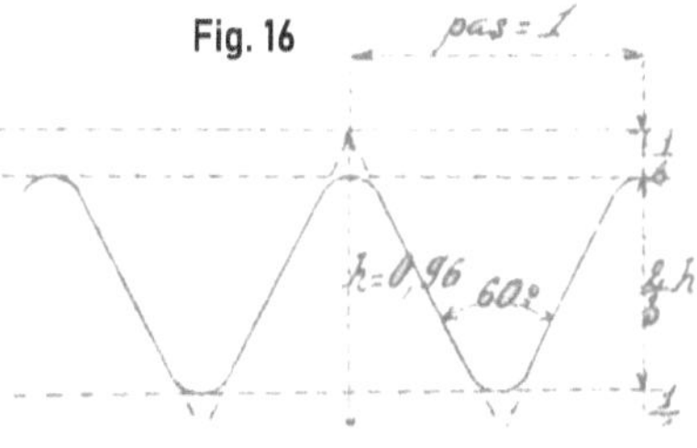

Les tours à fileter de fabrication anglaise ont donc des roues et une vis-mère différentes des nôtres.

En Amérique, on se sert du système Sellers. Ce système (fig. 17), au dire de nos constructeurs, a des pas trop rapides.

En vertu de l'effort P que doit supporter une vis, on peut employer les formules suivantes pour en déterminer les éléments :

Diamètre extérieur $d = 1{,}11\sqrt{p}$

Profondeur du filet $h = e$

Épaisseur du filet $e = \frac{1}{2}$ pas

Pas = 0,08 d + 1 mm pour les filets triangulaires

Pas = 0,09 d + 2 mm pour les filets carrés.

Fig. 18 **Fig. 19**

a Carré *b* Rond Trapézoïdal

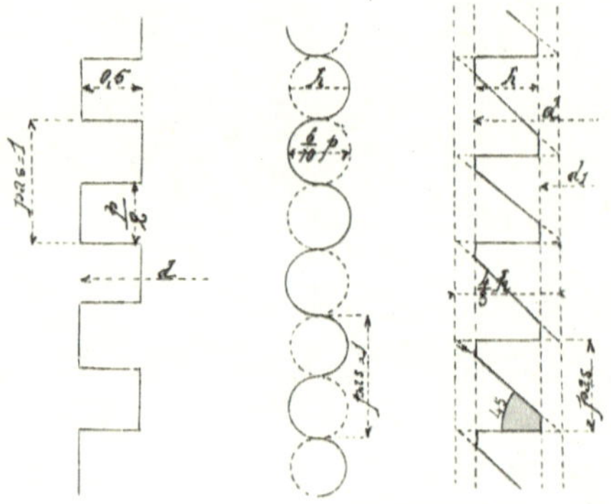

Pour les gros boulons et surtout pour les vis de commande des organes de machines, on emploie le filet carré (fig. 18 a). On emploie le filet rond (fig. 18 b) pour les vis qu'on manœuvre souvent (tendeurs de wagon, par ex.) Le filet trapézoïdal (fig. 19) est utilisé surtout pour les vis très chargées (vis de presse, par ex.) ;

$d_1 = 0{,}5\sqrt{P} \quad h = d_1/8$

sa forme, en plan incliné, facilite le desserrage.

Fig. 20.

Rondelle pour le fer : $l = 2{,}2\,d$
Rondelle pour le bois : $l = 2{,}7$ d

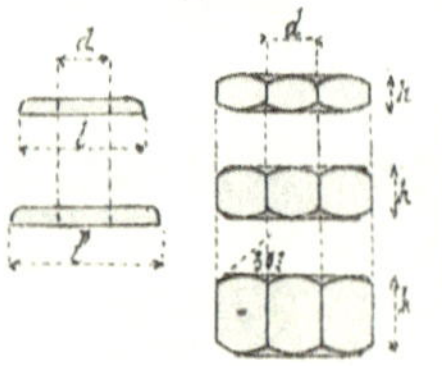

Écrou bas : $h = d/2$
Écrou moyen : $h = d$
Écrou haut : $h = 1{,}5\,d$

Les vis à plusieurs filets conviennent lorsqu'on veut un avancement rapide de l'écrou (balancier).

Écrous

L'écrou hexagonal, très facile à saisir avec une clef, est le plus employé. On en distingue trois sortes principales (fig. 20) : l'écrou bas ou contre-écrou, l'écrou ordinaire ou écrou moyen et l'écrou haut (quand on doit souvent le manœuvrer, ou pour les vis à filet carré).

Parmi les formes moins employées (fig. 21), nous citerons : l'écrou carré ; l'écrou à oreilles, qui convient lorsque le serrage doit s'exercer à la main (fig. a) ; l'écrou moleté (fig. b) pour les appareils de précision ; l'écrou rond à encoches (fig. c et d), qui se rencontre assez fréquemment dans les machines-outils.

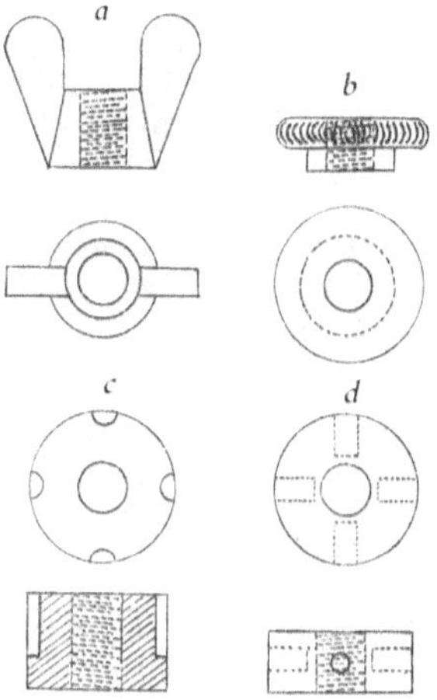

Fig. 21.

Enfin, certains écrous sont percés d'un seul côté et sont dits écrous borgnes (fig. 22). Ils servent à poser les goujons. On en fait aussi en bronze quand il s'agit de préserver les boulons de l'action des eaux acidulées.

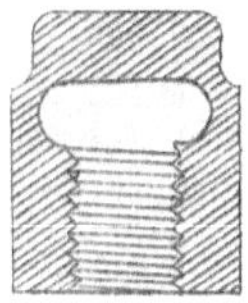
Fig. 22.

Sous les écrous à 6 pans, on place généralement une rondelle pour rendre le serrage plus énergique. Les faces des écrous à 6 pans sont limitées par une portion de cône ou de sphère qui détermine les arrondis des faces latérales.

Pour faciliter la prise des écrous sur les filets, les boulons doivent être terminés par une partie lisse ou goutte de suif.

Dispositifs de sûreté

Sous l'action de l'ébranlement, les écrous tendent à se desserrer. On conçoit aisément les conséquences graves que peut entraîner la perte d'un écrou, sur une locomotive, par exemple. Par mesure de sécurité, on emploie certains dispositifs.

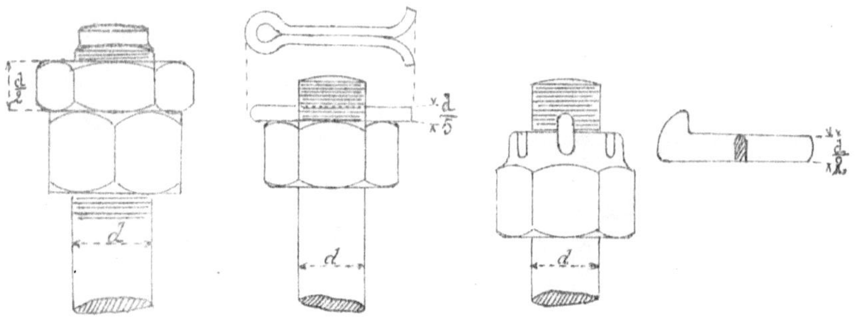
Fig. 23

Le plus simple est le contre-écrou.

Si l'écrou doit rester fixe, on munit le boulon d'une goupille ou d'une clavette (fig. 23).

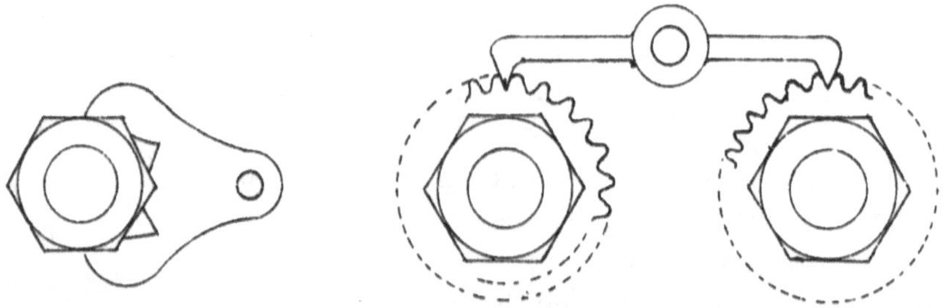

Fig. 24.

On fait aussi usage de freins (fig. 24). Ce sont des plaques taillées de façon à permettre une fraction de tour à l'écrou.

Clefs

Les clefs employées dans les ateliers pour le serrage des écrous sont très nombreuses.

Nous ne citerons que les principales : la clef à six pans, simple ou double, ouverte ou fermée (fig. 25) ; la clef à molette et la clef anglaise.

La clef fermée à 6 pans est moins commode que la clef ouverte, mais elle détériore moins les écrous. Les manivelles des machines-outils rentrent dans cette catégorie, c'est-à-dire qu'on emploie surtout la clef fermée lorsqu'elle doit rester à demeure. Les clefs sont quelquefois coudées en forme d'S, de façon à mieux permettre d'aller dans les angles.

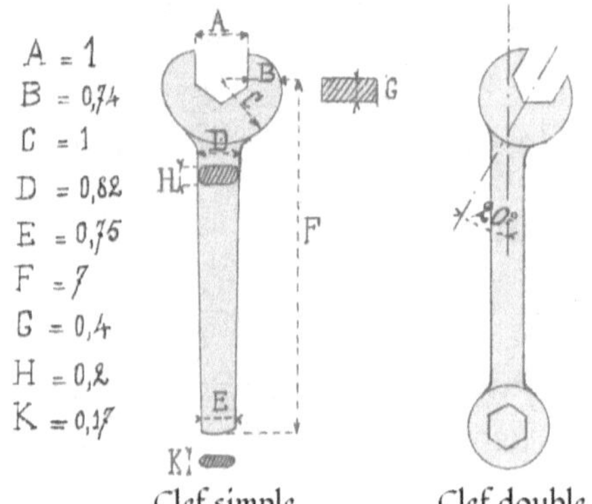

Fig. 25.

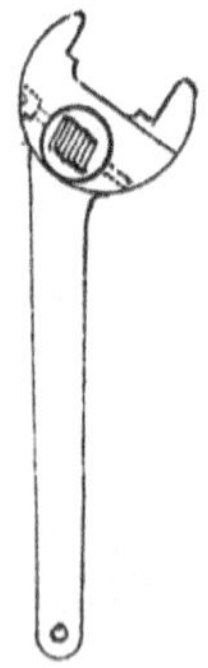

Clef à molette

Fig. 26.

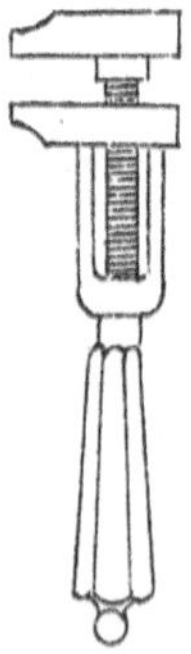

Clef anglaise

Fig. 27

La clef à molette (fig. 26), variant d'ouverture, est très commode pour les réparations. Une de ses dents est fixe ; l'autre, taillée en crémaillère, s'engage dans une mortaise et on la fait avancer à l'aide d'une vis moletée. La clef anglaise (fig. 27), qui semble être d'un usage universel, n'est guère pratique et ne donne pas un serrage énergique.

Vis à bois

Les vis à bois constituent un article de quincaillerie. Les principales vis employées dans les travaux de menuiserie sont à tête conique ou sphérique (fig. 28). Une fente permet de les manœuvrer avec un tournevis. Les tire-fonds, en usage pour les assemblages de charpente (fig. 29), ont une tête carrée ou à chapeau ; on les tourne avec une clef.

Fig. 28.

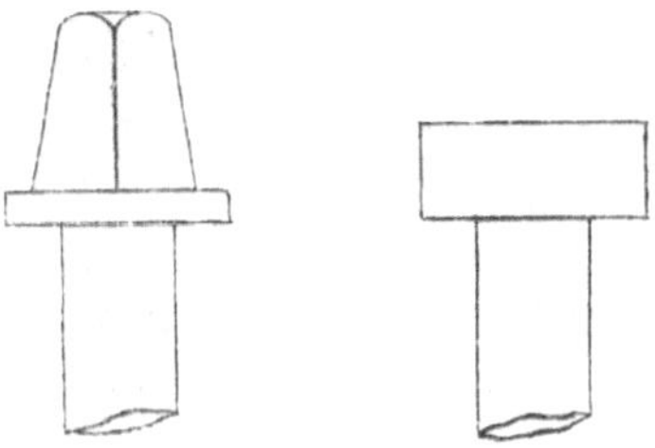

Fig. 29.

Le filet des vis à bois est tranchant ; sa forme, ainsi que celle du noyau sur lequel il s'enroule, est conique.

Les vis à bois se désignent par deux nombres, l'un indiquant le numéro de la jauge (instrument de mesure), l'autre la longueur en millimètres. Ainsi une vis de 12 × 15 a 15 millimètres de longueur et son diamètre correspond au cran 12 de la jauge.

Fabrication des vis, boulons et écrous

On trouve dans le commerce des boulons filetés munis de leurs écrous. Leur fabrication est une branche importante de l'industrie. Nous citerons, comme fabrique remarquable, la maison Bouchacourt, de Fourchambault (Nièvre).

Les boulons et écrous sont forgés mécaniquement à l'aide de machines.

Les filets s'exécutent à des machines à tarauder. Ce sont des tours particuliers munis de coussinets ou de tarauds interchangeables. Ceci, bien entendu, pour les boulons livrés bruts aux quincailliers. Les boulons pour machines sont achevés au tour et à la fraiseuse.

On fabrique aussi des bouts filetés pour souder à des tiges.

Les petites vis et les petits boulons sont encore l'objet d'une industrie spéciale. On les prend dans une barre ayant le diamètre de la tête. Cette opération faite sur le tour se nomme le décolletage.

Dans les ateliers, les boulons de petit diamètre se font à la filière et les écrous au taraud. Beaucoup d'ateliers possèdent des machines à tarauder.

Pour toutes les vis servant d'organes de machines on exécute les filets au tour à fileter.

Les grosses vis à bois, les tire-fonds, se font en une seule opération de laminage à l'aide d'une machine spéciale.

Chapitre II

Principes de filetage

Principe fondamental

Considérons une pièce A B montée sur un tour à fileter dont CD est la vis-mère (fig. 30). E et F sont deux engrenages placés sur la lyre ou *tête de cheval* : ces deux roues assurent la liaison entre les deux arbres. Supposons que leur nombre de dents soient dans le rapport ½.

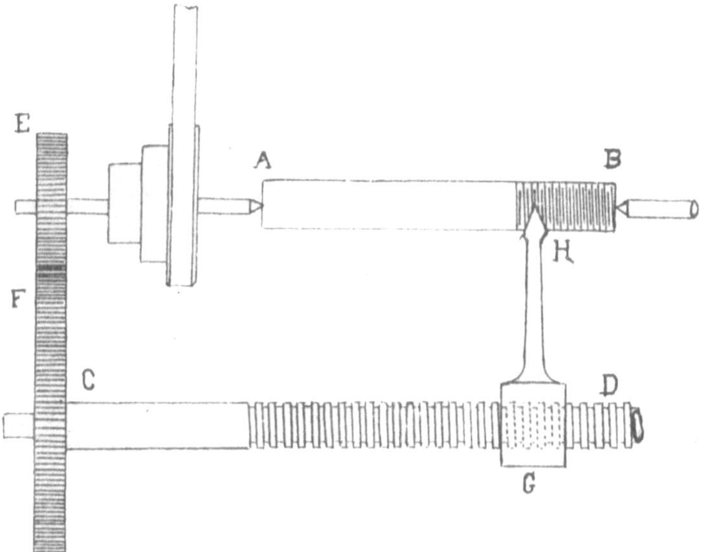

Fig. 30.

Soit G un écrou porté par la vis-mère ; l'aiguille H représente l'outil invariablement lié à cet écrou.

Lorsque la roue F aura fait un tour, l'écrou G aura avancé d'un pas, la roue E aura fait deux tours ; de même la pièce à fileter. L'aiguille aura donc tracé deux spires ou deux pas. De sorte qu'on peut dire : le pas à produire est au pas de la vis-mère comme le nombre de dents de la roue montée sur l'axe du tour est au nombre de dents de la roue montée sur la vis-mère.

Remarque. — Chaque tour parallèle est pourvu d'une série de roues qui est généralement la suivante :

Nombre de dents des roues : 15, 18, 20, 21, 22, 23, 24, 25, 30, 35, 40, 45, 50, 55, etc., de 5 en 5, 100, 110, 120.

Par suite, pour trouver les roues nécessaires à l'exécution d'un pas donné, il suffit d'appliquer la règle suivante :

Règle. — Écrire le rapport y du pas à produire à celui de la vis-mère. Exprimer ces 2 termes par des nombres entiers et réduire le rapport à sa plus simple expression. Multiplier ces 2 termes par 5 ou un multiple de 5 jusqu'à ce qu'on obtienne 2 roues comprises dans la série.

1er exemple. — Soit à exécuter un pas de 2 mm avec une vis-mère dont le pas est 10 mm :

p / P = 2/10 = 1/5 = 15 dents / 75 dents ou 20 dents /100 dents

Toutes les roues dans le rapport 1/5 satisfont à la question.

2e exemple. — Pas de 4 mm avec une vis-mère de 8.

Les tours de fabrication française ont généralement une vis-mère au pas de 8, 10 ou 12 mm.

On a : *p* / P = 4/8 = 1/2. Toutes les roues telles que 30 et 60, 40 et 80, 50 et 100, dans le rapport 1/2 sont des solutions.

3e exemple. — Pas de 2,5 avec une vis-mère de pas = 10 mm.

p / P = 2,5/10 = 25/100. On ne change pas la valeur d'un rapport en multipliant ses deux termes par un même nombre. Les roues de 25 dents et de 100 dents conviennent, comme d'ailleurs toutes celles dans le rapport 1/4.

4e exemple. — Pas de 21 avec une vis-mère de 10.

p / P = 21/10.En multipliant par 5, on ne trouve pas des roues de la série, et les deux termes sont premiers entre eux. On les décompose en leurs facteurs premiers, et en combinant convenablement ces facteurs, on opère sur les rapports partiels comme précédemment.

$$21/10 = (3 \times 7)/(2 \times 5) = (30 \times 70)/(20 \times 50)$$

On prendra donc les roues de 30, 70, 20 et 50 dents.

5ᵉ exemple. — Pas de 23 avec une vis-mère de 10 mm.

$$p/P = 23/10 = (23 \times 1)/(2 \times 5) = (23/5) \times (1/2) = 23/50 \times 100/20$$

On voit que lorsqu'on trouve un nombre premier absolu comme 23, on met en pratique ce théorème : **Un nombre premier est toujours divisible par lui-même et par l'unité.**

Remarques

1. – Les deux derniers exemples nécessitent 4 roues pour le filetage. Les numérateurs représentent les roues qui commandent (A et B), les dénominateurs, les roues conduites (C et D) (fig. 31).

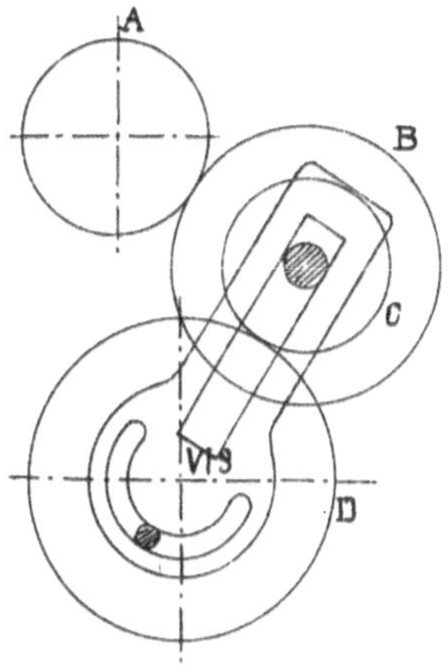

Fig. 31.

2. – Dans le filetage à 2 roues, il est nécessaire de relier A et B par une roue intermédiaire qui ne change pas le rapport des vitesses et qui fait tourner ces deux roues dans le même sens (fig. 32).

En principe, cette roue intermédiaire peut être quelconque, mais pour faciliter l'embrayage dans le cas du filetage au repère on la choisit moitié ou double de l'une des roues A ou B.

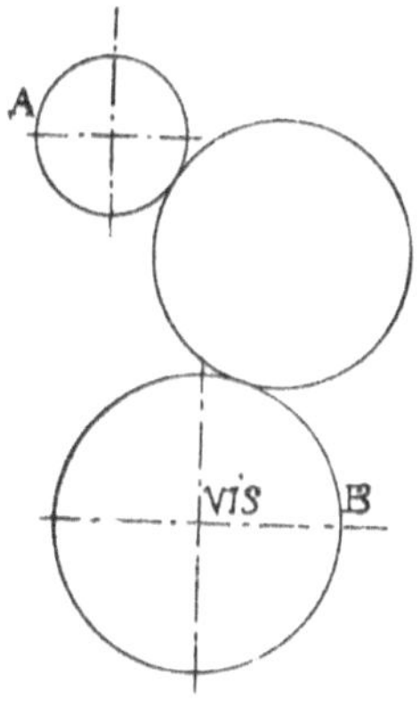

Fig. 32.

3. – Lorsque le rapport entre le pas à produire et la vis-mère est très grand, il est impossible de fileter avec 4 roues. Il faut employer 3 paires d'engrenages ou 6 roues. Ce cas se présente rarement dans la pratique.

6ᵉ exemple. — Trouver les roues qui permettent de construire le pas de 231 mm avec une vis-mère dont le pas est 10 mm.

$$p/P = 231/10 = 21/5 \times 11/2$$

Si la série ne contient pas la roue de 21 × 5 ou 105 dents, il est impossible de fileter à 4 roues, mais on peut écrire :

$$231/10 = (3 \times 7 \times 11) / (1 \times 2 \times 5)$$

L'une des combinaisons pourra être :

$$(45/15) \times (70/20) \times (55/25) : \text{ ce sera du filetage à 6 roues.}$$

Pas bâtards. — Ce sont des pas qui ne peuvent exactement s'exprimer en millimètres. Ainsi, si 3 pas d'une vis mesurent 4 mm, le pas sera de 4/3 ou de 1,333...la fraction ordinaire 4/3 ne peut être convertie exactement en fraction décimale.

Voici comment on opère :

7e Exemple. — Exécuter la vis dont 3 pas égalent 4 mm avec une vis-mère de 12.

Le pas à exécuter égale 4/3 de millimètre. La vis-mère a un pas de 36/3 de millimètre.

On peut donc écrire :

$$p / P = (4/3) / (36/3) = 4/36 = 1/9$$

1/9 = (1 × 1) / (3 × 3). Il suffit donc de prendre 2 paires de roues dans le rapport 1/3 ; par exemple 20/60 et 15/45.

Il est bon de faire la preuve.

Puisqu'on a :

$$p / P = (20 \times 15) / (60 \times 45), \text{ il vient :}$$

$$p = (20 \times 15 \times 12) / (60 \times 45) = 1,333...$$

8e Exemple. — 15 filets d'une vis mesurent 117 millimètres. Quelles sont les roues nécessaires pour l'effectuer sur un tour dont la vis-mère a un pas de 12 ?

Puisque 15 filets égalent 117 mm, 117 est la valeur de 14 pas. Le pas approximatif est de 117 / 14 = 8,357 mm.

Écrivons :

$$p / P = (117/14) / [(12x14) / 14] = 117 / 168$$

Simplifions :

$$117 / 168 = 39/56 = (3 x 13) / (8 x 7)$$

Les roues 30/80 x 65/35 fournissent une solution.

9e Exemple. — Sur le même tour, exécuter une vis dont 7 pas égalent 37 mm.

$$p/P = (37 / 7) / [(12 \times 7) / 7] = 37/84$$

37 étant un nombre premier absolu, il faudrait une roue de 37 dents pour faire ce pas exactement. Dans ce cas, on se contente du pas le plus voisin que la série de roues permet d'exécuter.

37 divisé par 7 égale 5,285 mm.... Cherchons les roues pour le pas de 528 centièmes.

$$p/P = 5{,}28/12 = 528 / 1200$$

En simplifiant :

$$528 / 1200 = 11/25 \quad \text{ou} \quad 11/25 = (11 \times 1) / (5 \times 5)$$

Deux roues dans le rapport 11/5, 55 et 25 par exemple, et deux autres dans le rapport 1/5, 20 et 100, donnent une solution.

Preuve : $p = (55 \times 20 \times 12) / (25 \times 100)$ égale après réduction 132/25. Si nous réduisons 37 / 7 et 132 /25 au même dénominateur, nous trouvons 925 / 175 et 924 / 175, soit une erreur en moins 1 / 175.

Cette façon d'opérer est donc suffisamment exacte.

Vis à plusieurs filets

Pour les vis à plusieurs filets, on opère comme précédemment, mais il faut s'arranger pour avoir sur l'axe du tour une roue dont le nombre de dents soit divisible par le nombre de filets. On exécute d'abord le premier filet, puis on fait faire à la roue divisible un demi, un tiers, un quart de tour, suivant que la vis est à 1, 2, 3 filets. Il faut préalablement avoir dégagé cette roue des autres. On exécute ensuite le deuxième filet et ainsi de suite en opérant de la même façon.

On peut cependant se dispenser de dégager les roues si le pas de la vis-mère est divisible par le nombre de filets et que le pas à produire est aussi divisible par celui de la vis-mère.

Chapitre III

Rivets

Du rivetage et du poinçonnage

Les rivets sont des tiges en fer ou en cuivre portant une tête; on en obtient une deuxième par la rivure. Les rivets servent à assembler des surfaces planes, telles que les tôles. Beaucoup plus économiques que les boulons, ils assurent une liaison aussi parfaite, lorsqu'ils sont bien posés.

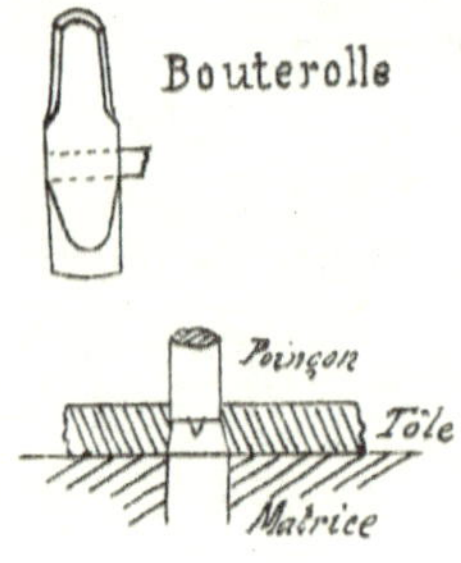

Fig. 33.

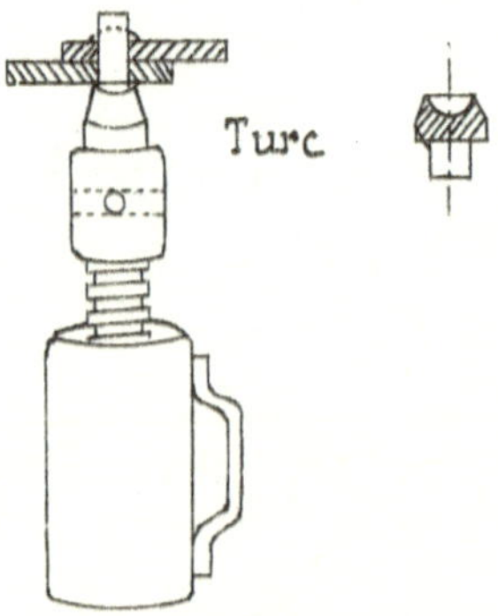

Fig. 34.

Le perçage des tôles se fait généralement à la machine à poinçonner. Le poinçon (fig. 33) a toujours un diamètre un peu plus faible que celui de la matrice. Le perçage au poinçon écrouit le métal, le rend cassant, et cela d'autant plus que le métal est plus dur. Aussi les tôles d'acier sont-elles percées à la mèche et leur emploi est limité dans la construction des chaudières.

Quand on rive à chaud, le trou doit être percé un dixième plus grand que le diamètre du rivet.

Les rivets en cuivre, ceux en fer ayant moins de 5 mm, se rivent à froid. Au-dessus on rive à chaud, à la main, ou à la machine.

Les rivures à la main se font à l'aide du marteau de chaudronnier et s'achèvent à la bouterolle (fig. 33). La tête du rivet est soutenue par une contre-bouterolle tenue à l'aide d'un levier ou reposant sur une tête de turc (fig. 34).

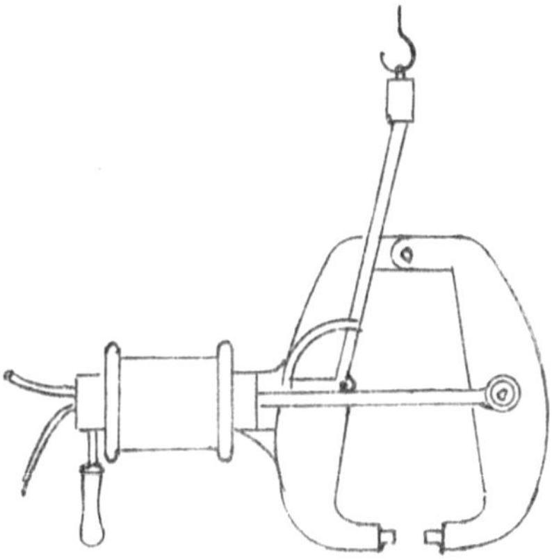

Fig. 36.

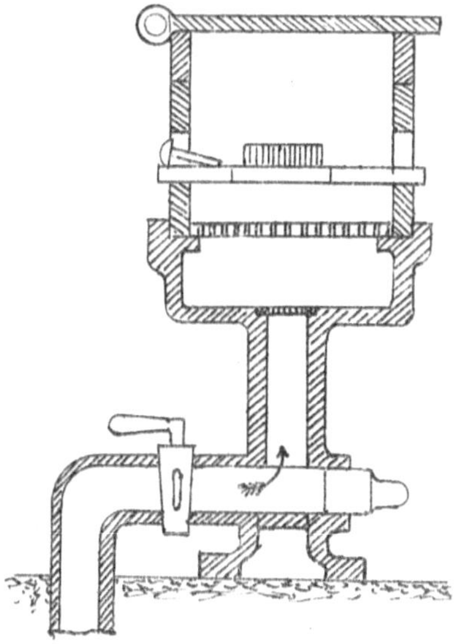

Fig. 35.

Dans les grandes chaudronneries, on rive certains travaux à l'aide de machines fixes. Les rivets sont chauffés à un four à vent spécial (fig. 35). Pour les constructions métalliques importantes on emploie une riveuse hydraulique portative (fig. 36). Un petit accumulateur la fait fonctionner à distance en lui envoyant de l'eau sous pression à l'aide de tuyaux flexibles.

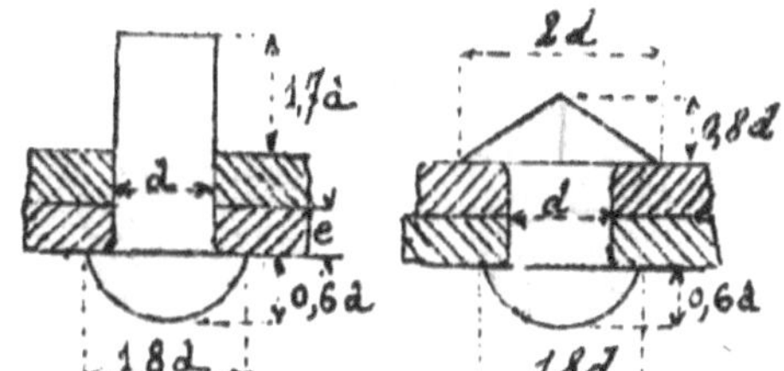

Fig. 37.

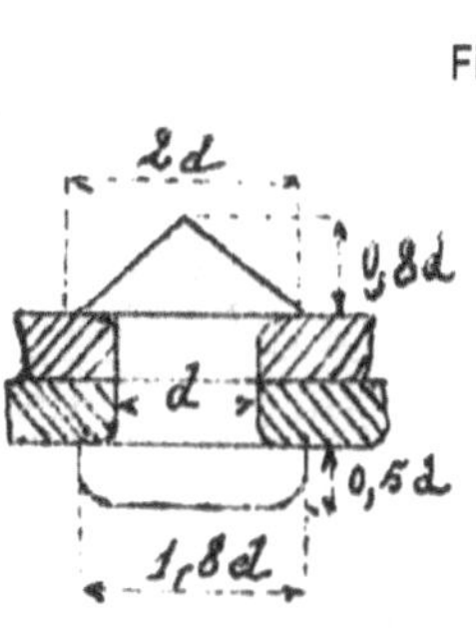

Fig. 38.

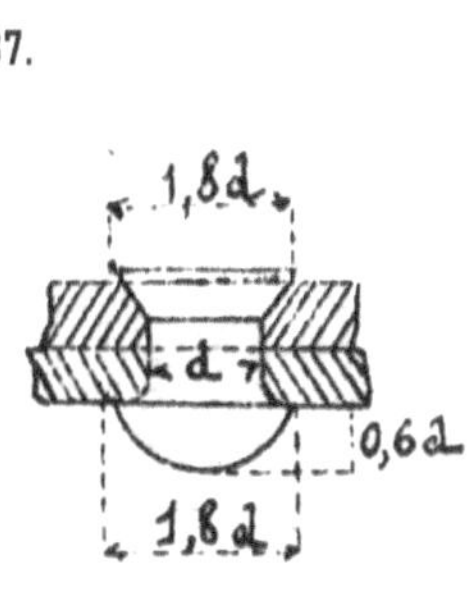

Fig. 39.

Des différents genres de rivures

Les figures 37, 38, 39 représentent les têtes de rivets les plus employées : coniques, cylindriques, plates, sphériques et fraisées. La première figure indique un rivet avant la formation de la deuxième tête. Les fraisures qui se trouvent au-dessous des têtes renforcent les rivures. La tête conique est la plus communément employée ; elle se fait entièrement à la main et au marteau. La tête fraisée affaiblit les tôles. \

Une équipe d'ouvriers peut poser à l'heure :

40 rivets de 15 mm
20 » de 25 mm

Avec les machines, trois fois plus, et le bruit est supprimé.

Les rivets peuvent réunir deux tôles superposées, placées bout à bout, ou faisant un angle.

La fig. 40 montre un mode de jonction par simple recouvrement. La fig. 41 une jonction par couvre-joint ; la fig. 42 par double couvre-joint. La fig. 43 représente l'assemblage de 2 tôles à angle droit à l'aide d'un fer cornière.

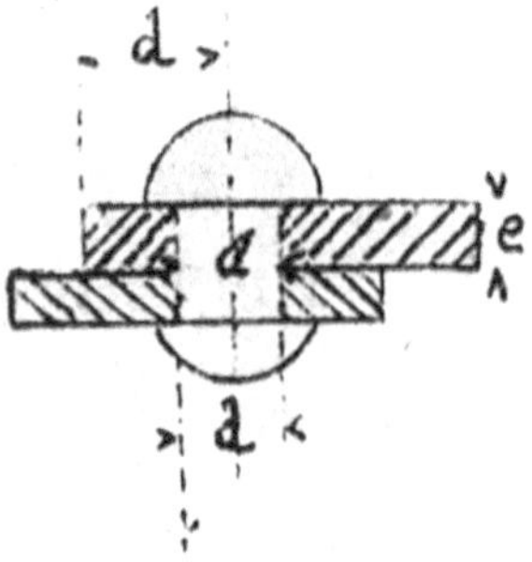

Fig. 40.

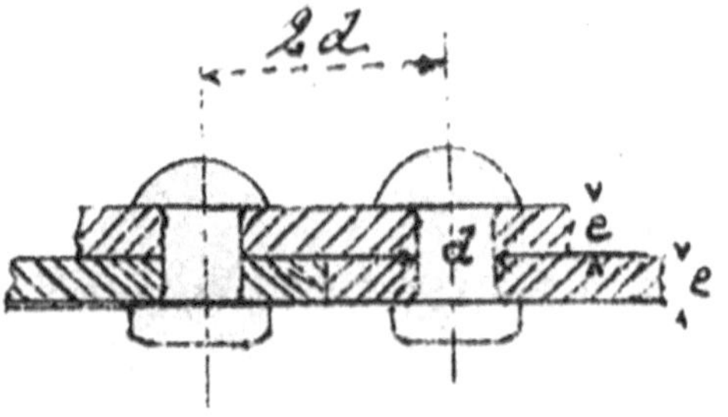

Fig. 41.

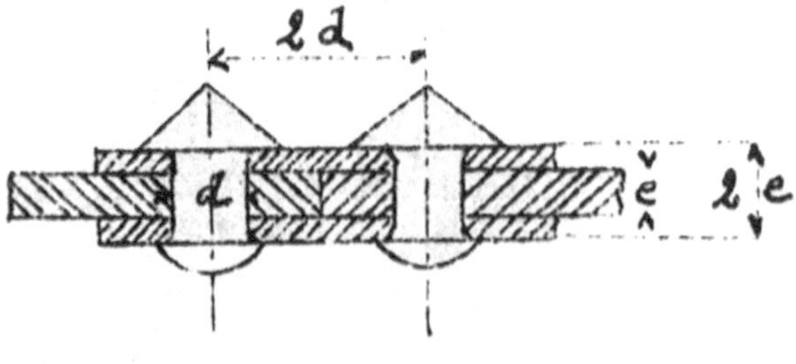

Fig. 42.

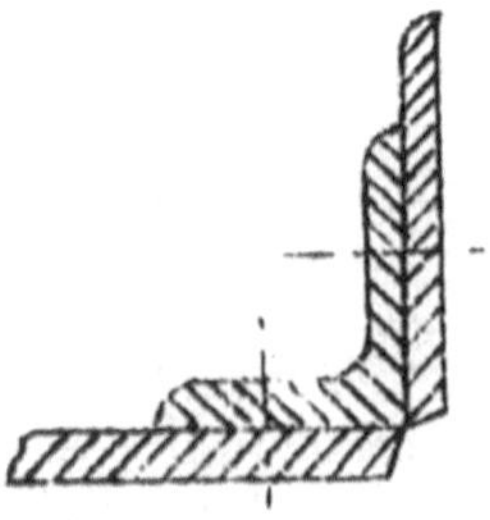

Fig. 43.

D'une manière générale :

$d = e$ pour les tôles fortes.

$d = 2\,e$ » » moyennes.

$d = 5\,e$ » » minces.

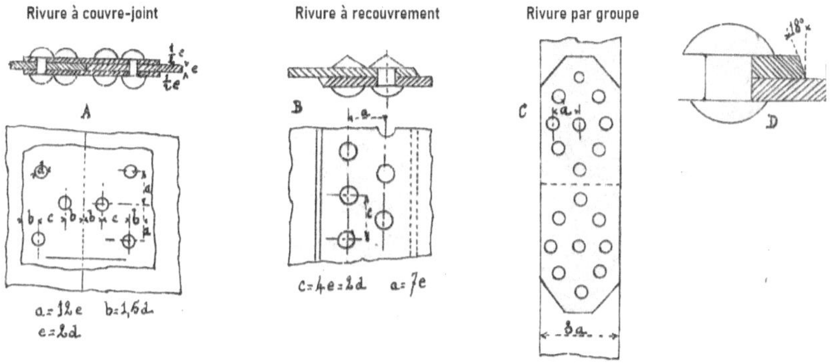

Fig. 44.

Dans ces assemblages, les rivures peuvent être à un ou plusieurs rangs et les rivets disposés en chaîne, en quinconce ou en groupe (fig. 44).

La disposition est dictée par les conditions à réaliser.

Dans les chaudières à vapeur par exemple, il faut que la rivure soit étanche et solide. À cet effet, les rivets sont assez rapprochés.

D'après Lemaître :

$a = 10 + 2\,d$

$d = 4 + 1{,}5\,e$

$b = 1{,}5\,d$

Comme il est démontré que l'effort longitudinal d'une chaudière est double de l'effort transversal, on emploie assez souvent des rivures doubles dans le sens de la longueur. Le pas de la double rivure $a = 20 + 3\,d$.

Les bords des tôles des chaudières sont matés très soigneusement après la rivure ; pour cela les bords sont chanfreinés. (Inclinaison 18° environ). Cette opération se fait à la machine avant la rivure, ou au burin après le rivetage.

Pour les réservoirs, on s'occupe surtout de l'étanchéité, et on interpose généralement sous la pince (recouvrement) du chanvre ou une toile imprégnée de minium.

Dans les constructions métalliques, on a en vue la solidité ; la disposition des rivets en groupe est très employée, surtout pour les tirants.

Si l'on veut assembler deux tôles par simple recouvrement, le nombre des rivets du groupe sera donné par la formule :

$$n = (L - d)\, e \;/\; 0{,}785\, d^2$$

L désigne la largeur du tirant
d désigne le diamètre d'un rivet
e désigne l'épaisseur de la tôle

Souvent aussi on se sert d'un couvre-joint pour les tirants.

Fabrication des rivets

La fabrication des rivets est analogue à celle des boulons. Les morceaux sont coupés de longueur à la cisaille. La tête se fait à la machine à l'aide d'une matrice ou bouterolle. Une tige inférieure, dite *bonhomme*, chasse le rivet.

Les rivets se font en fer fort pour les charpentes, en fer fin pour les chaudières, en cuivre pour chaudronnerie de cuivre.

Chapitre IV

Chaînes

Les chaînes peuvent se diviser en deux groupes :

1. - Les chaînes fixes.

2. - Les chaînes mobiles.

Chaînes fixes

Les chaînes fixes (fig. 45) ont des maillons très allongés. Elles sont exclusivement employées comme attaches (navires, ponts). Pour en réunir deux brins on se sert d'une manille ; c'est l'anneau ouvert terminé par un boulon que représente la figure 45.

Pour éviter que les chaînes se tordent, on les munit à leur extrémité d'un anneau mobile ou émerillon (fig. 46).

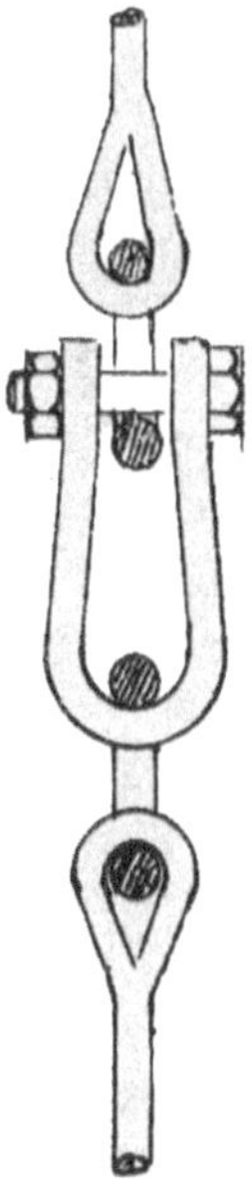

Fig. 45.

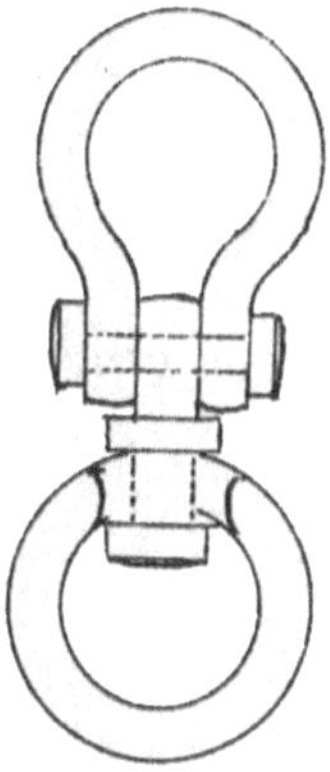

Fig. 46.

Chaînes mobiles

Les types de chaînes mobiles sont les plus nombreux ; parmi les principaux, nous citerons :

1. - La chaîne à maillons longs (fig. 47) ;

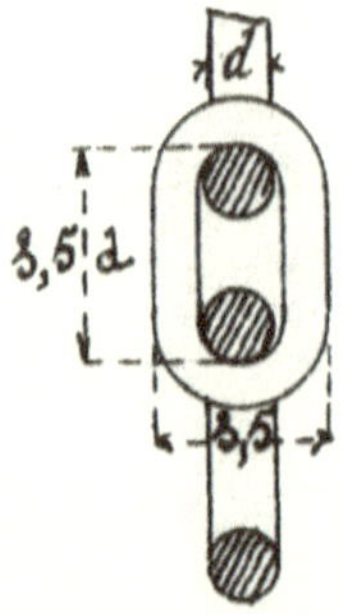

Fig. 47.

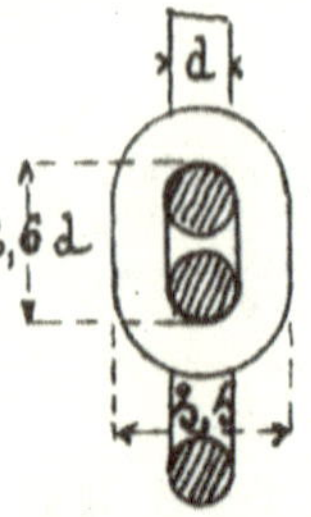

Fig. 48.

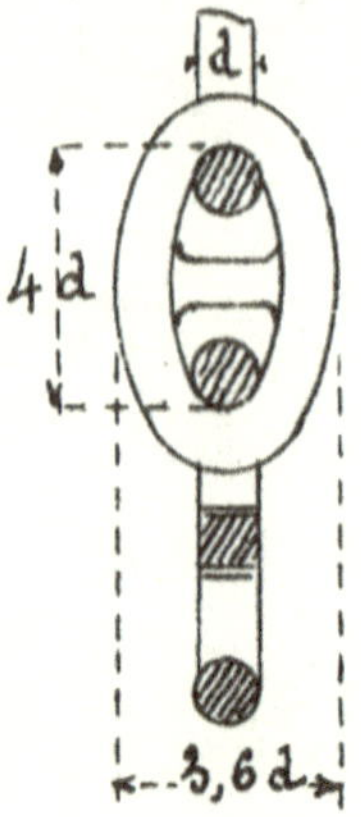

Fig. 49.

2. - La chaîne à maillons courts (fig. 48) ;
3. - La chaîne à étançons (fig. 49) ;
4. - La chaîne Galle (fig. 50) ;
5. - La chaîne Vaucanson (fig. 51).

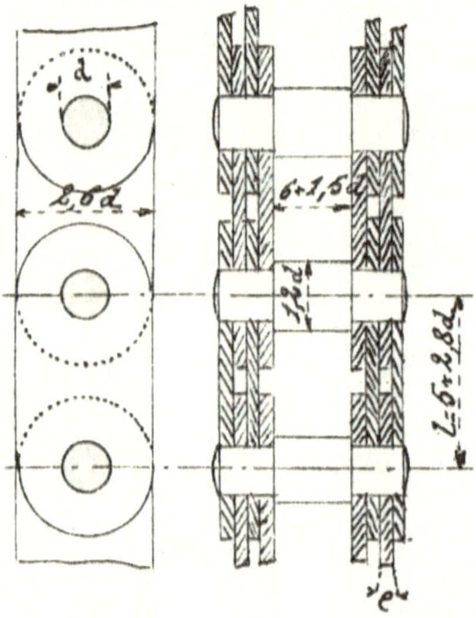

Fig. 50.

Les chaînes mobiles servent bien quelquefois d'attaches, mais elles sont le plus souvent utilisées dans les appareils de levage, dans certaines machines, ou encore pour la transmission du mouvement.

Sujettes par conséquent à s'enrouler sur des poulies ou des tambours portant l'empreinte de leur pas, elles sont établies avec précision, et prennent le nom de *chaînes calibrées.*

Lorsque des chaînes ont à supporter des efforts considérables, on donne aux maillons une forme ovale (fig. 49). Un support en fonte, dit étançon, empêche les deux brins de se rapprocher.

La condition essentielle que doivent remplir les chaînes de levage est d'avoir leurs maillons bien soudés. Pour éviter les ruptures occasionnées quelquefois par un défaut de soudure qu'on n'a pu soupçonner, on a imaginé de fabriquer des chaînes sans soudure dont nous parlerons plus loin.

Les chaînes avant leur livraison sont soumises à des épreuves de résistance à la traction. On les étend sur un banc en tête duquel se trouvent des pistons hydrauliques.

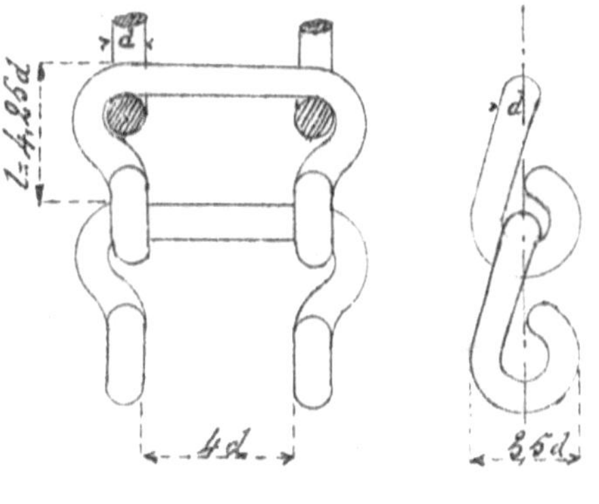

Fig. 51.

Les charges d'épreuves varient de 12 à 15 kilos pour les chaînes ouvertes, 15 à 18 kilos pour les chaînes étançonnées ; toutefois dans la pratique, les charges de sécurité ne dépassent guère 6 kilos pour les premières et 10 kilos pour les deuxièmes.

Le diamètre des maillons se déduit des formules :

$d = \sqrt{Q/10}$ pour les chaînes ordinaires.

$d = \sqrt{Q/15}$ pour les chaînes à étançons.

Q indique l'effort de traction.

Pour les chaînes de Galle, très employées dans les appareils de levage, l'épaisseur des tôles *e* et le diamètre des tourillons *d*, sont donnés par les formules :

$$e = (0{,}4 / n+1) \sqrt{Q}$$

$$d = 0{,}23 \ [(n+2) / (n+1)] \ \sqrt{Q}$$

n désigne le nombre des maillons : c'est le nombre pair qui se rapproche de :

$$n = 1/3 \sqrt[3]{}$$

La charge de ces chaînes est de 7 kilos environ.

La liaison des brins de chaînes entre eux ou à d'autres organes, se

Fig. 52.

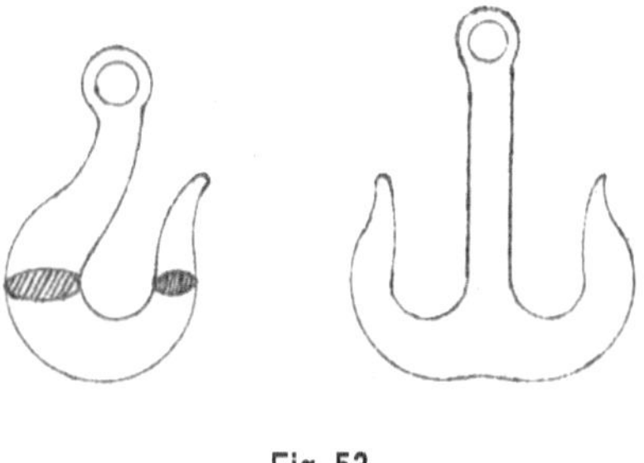

Fig. 53.

fait au moyen d'anneaux (fig. 52), de manilles, d'émerillons. Les corps sont suspendus au moyen de crochets simples ou doubles (fig. 53).

Transmission par chaînes

La transmission par chaînes a des applications assez limitées.

Elle est d'un rendement très faible en raison des frottements multiples, et on ne l'emploie que lorsqu'on a à tenir compte de certaines conditions, telles que la chaleur et l'humidité, deux causes de détérioration rapide pour une courroie ou un câble.

Pour éviter la flexion des maillons sur les poulies, on se sert surtout des chaînes à maillons courts. Les chaînes Galle et Vaucanson donnent aussi de bons résultats. La première est préférable à cause de la mobilité de ses maillons.

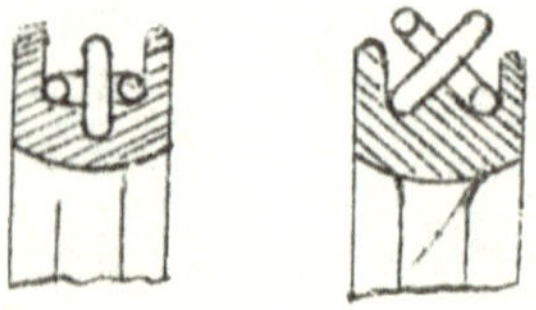

Fig. 54.

Les poulies sur lesquelles s'enroulent les chaînes, portent en leur milieu une gorge ou une nervure (fig. 54). Les tambours des treuils sont lisses ou portent des nervures pour faciliter l'enroulement.

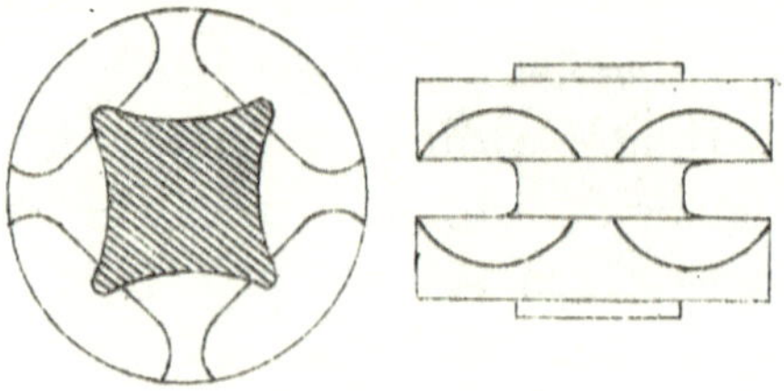

Fig. 55.

Pour éviter encore davantage la flexion des maillons et aussi pour empêcher tout glissement, on donne aux poulies la forme d'une noix (fig. 55). Le pourtour est garni d'empreintes recevant les maillons sur champ et sur plat.

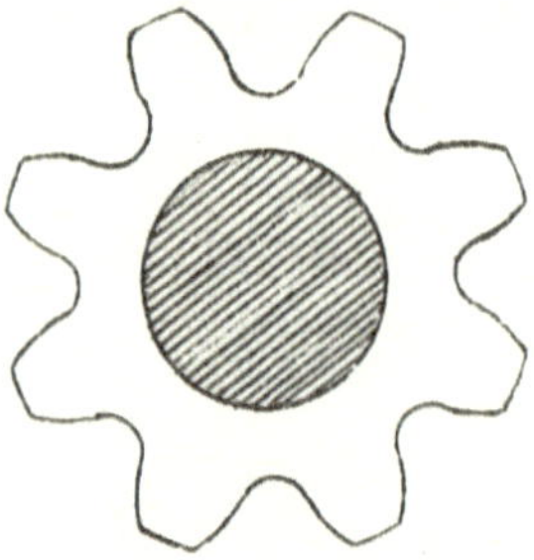

Fig. 56.

Pour les chaînes Galle et Vaucanson, les poulies sont de véritables roues dentées (fig. 56).

Fabrication des chaînes

En France, parmi les usines qui fabriquent des chaînes, nous pouvons citer celle de Dorémieux à St-Amand (Nord) et celle de Guérigny

(Nièvre). Cette dernière appartient à la marine et ne fabrique que pour l'État.

Les petites chaînes sont entièrement fabriquées à la main et sur l'enclume.

Les grosses chaînes nécessitent l'emploi de machines particulières. Les barres de fer sont coupées à la cisaille, en morceaux d'égale longueur. Les parties arrondies des maillons se font à chaud sur une machine à cintrer. On soude les bouts en sifflet.

Pour les chaînes étançonnées, on serre le maillon encore chaud sur l'étançon en fonte, et ce, à l'aide d'une presse.

Chaînes sans soudure

(*Porte-feuille des machines Année 1895*),

« La question des chaînes sans soudure est l'une des questions qui ont, depuis quelques années, le plus exercé l'ingéniosité des inventeurs.

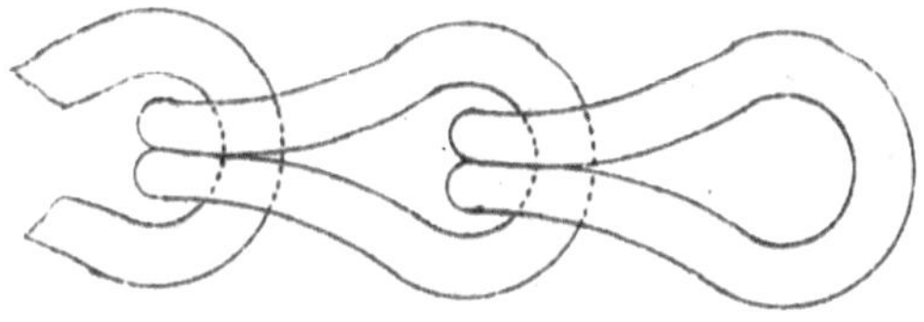

Fig. 57.

Fig. 58.

Les premières chaînes sans soudure (fig. 57) furent exposées en 1889 par les usines de la Massardière (Loire). Les procédés comportent une longue série d'opérations. M. Klatte, à Neuwed-sur- Rhin, a récemment imaginé un procédé consistant en un simple laminage.

La barre primitive est à section cruciforme. Elle passe entre quatre cylindres, deux horizontaux, deux verticaux, dont la circonférence est creusée d'empreintes constituant un moule de la chaîne (fig. 58). »

Chapitre V

Courroies et câbles

Courroies en cuir

Les courroies sont généralement en cuir ; leur largeur varie de 3 à 30 centimètres ; leur épaisseur dépend de celle des cuirs du commerce, elle est généralement de 5 millimètres. Pour transmettre des efforts considérables on se sert de courroies doubles ou triples, c'est-à-dire formées de deux ou trois épaisseurs superposées et cousues. Ces courroies s'appliquent mal sur les poulies ; leur marche est mauvaise, car les bandes s'allongent inégalement. Il vaut mieux donner de la largeur à une courroie plutôt que de l'épaisseur.

Une courroie travaillant par traction peut être calculée au moyen de la formule générale :

$$Q = R \times S$$

Il faut prendre pour la valeur de R par millimètre carré, 0,25 kg à 0,4 kg au maximum.

En vertu du nombre de chevaux N à transmettre et en admettant R = 0,25 kg, on peut déduire les dimensions d'une courroie de la formule :

$$N = l\,e\,v\,/\,600$$

Si l'épaisseur *e* égale 5 mm, l'expression ci-dessus donne :

$$l = N\,/\,v$$

La vitesse *v* dépend évidemment du diamètre des poulies et de leur nombre de tours.

v peut égaler 15 à 25 mètres au maximum.

Les courroies en cuir sont très hygrométriques, c'est-à-dire absorbent l'humidité et s'allongent aisément. D'autre part, le prix du cuir est élevé. On a expérimenté des courroies en coton, en chanvre, en poils de chameau, en gutta, en caoutchouc, etc....

Courroies en coton

Ce sont les plus répandues des courroies en fibres textiles. Elles sont faites de plusieurs toiles superposées et cousues à la machine, mais peuvent être aussi tissées d'une seule épaisseur.

On trempe ces courroies dans de l'huile de lin et on les peint au minium ; elles résistent alors mieux à l'humidité que les courroies en cuir. Les bords sont évidemment les points faibles, aussi doit-on éviter de les croiser ou de les soumettre à Faction d'un débrayage fréquent.

Courroies en crin

Ces courroies sont faites avec des poils d'animaux, surtout ceux du chameau. Les poils forment la chaîne, la trame est en coton. Elles ont les mêmes avantages et les mêmes inconvénients que les courroies en coton.

Courroies en caoutchouc

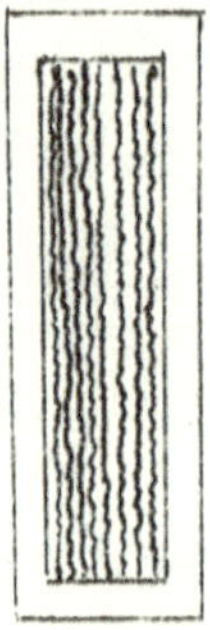

Fig. 59.

Ces courroies sont formées dans leur partie centrale d'une toile repliée plusieurs fois sur elle-même (fig. 59) et trempée dans du caoutchouc, mélangé avec de la baryte et de la fleur de soufre. Le caoutchouc est ensuite vulcanisé pour qu'il ne colle plus ; il conserve néanmoins toute sa souplesse.

Ces courroies ont beaucoup d'adhérence, elles se font aussi larges et aussi épaisses que l'on veut, d'une seule longueur. Elles conviennent par conséquent très bien pour la commande des dynamos, et résistent mieux que les courroies en cuir, à l'humidité et aux acides. L'huile et la graisse les détériorent ; les débrayages les brûlent.

Les courroies enduites de résine : gutta-percha, balata... sont fabriquées par des procédés analogues à celles en caoutchouc, mais elles ne sont pas vulcanisées.

Courroies métalliques

Ces courroies, formées de fils de fer mécaniquement tressés, sont d'un faible prix de revient et leur allongement est nul, mais elles manquent d'adhérence ou nécessitent des poulies spéciales. Leur application est assez limitée, on ne les retrouve guère que dans les transporteurs, élévateurs, etc...

Jonctions des courroies

Pour les fortes courroies, les brins sont cousus avec des lanières en parchemin très résistant (fig. 60, *a*).

Quelquefois les brins sont collés. On les taille en sifflet et on les assemble avec de la colle de poisson dissoute dans l'alcool. Il faut que la jonction soit en sens contraire du mouvement (fig. 61).

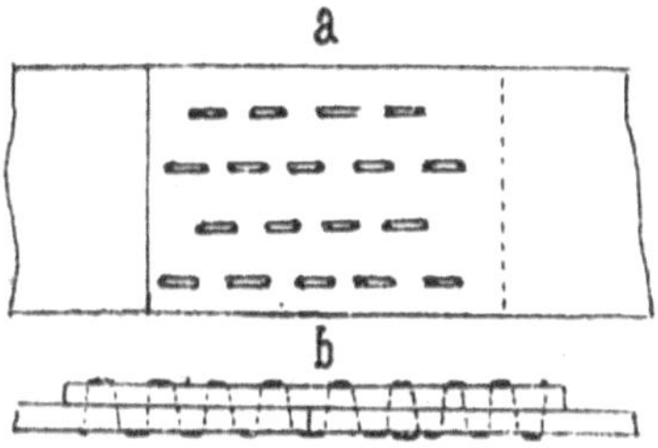

Fig. 60.

Pour les courroies de machines-outils, le plus souvent les deux brins sont réunis par des agrafes. Les plus pratiques sont les agrafes en laiton en forme de double T (fig. 62). On en fabrique de plusieurs dimensions. Les trous pour ces attaches doivent être pratiqués avec une pince spéciale.

Fig. 61.

Fig. 62.

Fig. 63.

L'attache à broche de Lagrelle (fig. 63) donne d'assez bons résultats.

Pour les courroies en coton on peut employer des attaches métalliques, mais il est préférable de se servir d'un recouvrement cousu (fig. 60, *b*).

Pour les courroies en caoutchouc, on se sert avec avantage de l'agrafe Bideau. C'est un crochet en fil de fer ayant la forme d'un U, et qu'on rabat au marteau.

Il existe des vis, des rivets, des boutons spéciaux plus ou moins pratiques.

Fabrication des courroies

Les courroies sont découpées dans des peaux de bœufs tannées, puis elles sont imprégnées de suif. La partie médiane d'une peau, c'est-à-dire le *croupon*, donne les meilleures courroies (fig. 64).

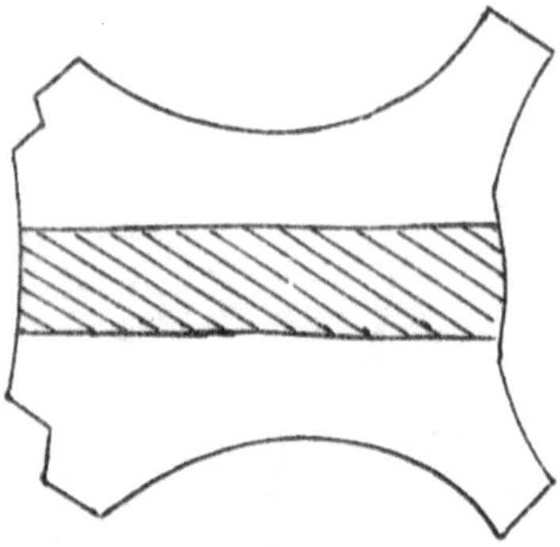

Fig. 64.

Les courroies neuves s'allongent très rapidement ; il en résulte de fréquents arrêts dans le travail. Pour remédier à ces inconvénients, les courroies sont soumises à des efforts gradués de traction, avant d'être livrées à l'industrie. On les monte sur deux poulies dont la distance augmente.

Cordes et Câbles

Les cordes et les câbles sont utilisés comme organes de traction et aussi pour la transmission du mouvement. On en distingue deux sortes :

a) câbles en fibres végétales.
b) câbles en fils métalliques.

Câbles en fibres végétales

Les plus employés sont les cordages en chanvre ; ils se composent de trois ou quatre torons (fig. 65). Chaque toron est formé de fils de caret tordus en sens inverse de celui des torons.

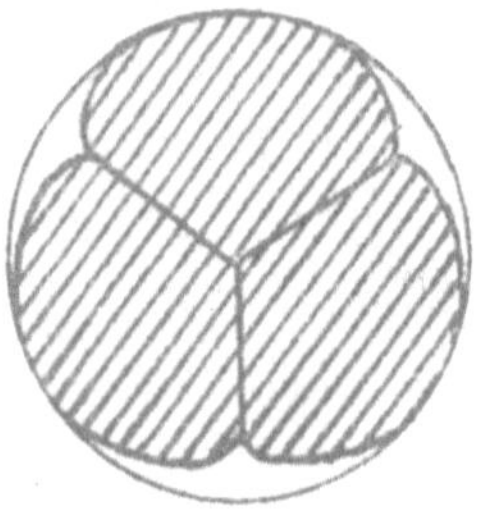

Fig. 65.

Les cordes suivant leur diamètre prennent des noms différents : *corde à main* 17 mm, *vingtaine* 27 mm, *hauban* 34 mm, *petit câble* 47 mm, *câble proprement dit* ou aussière 50 mm. Un *grelin* est la réunion de plusieurs câbles.

Les cordes sont tressées lâches ou serrées. La charge qu'elles peuvent supporter en toute sécurité est :

$$P = 0{,}785\ d^2 \text{ pour cordes lâches } (R = 1 \text{ kg}).$$

$$P = 1{,}178\ d^2 \text{ pour cordes serrées } (R = 1{,}5 \text{ kg}).$$

Une corde mouillée est environ un tiers moins résistante qu'une corde sèche, et une corde goudronnée un quart plus faible qu'une corde blanche de même diamètre.

Le goudronnage, très usité dans la marine, conserve les cordages.

Dans les mines, pour l'extraction, on emploie des câbles plats en chanvre ; ils sont formés de 4 ou 6 cordes cousues ensemble et tordues en sens inverse par moitié (fig. 66).

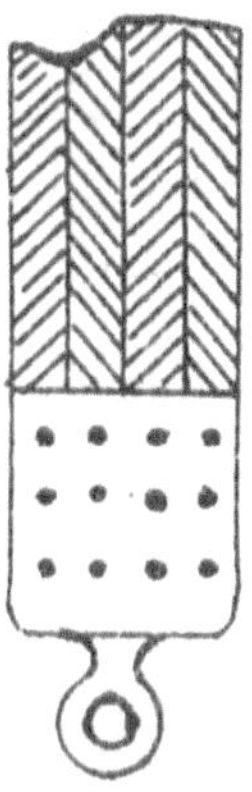

Fig. 66.

On fabrique aussi des cordages en aloès (chanvre de Manille) ; leur résistance est inférieure de 25 % à celle des câbles fabriqués avec du chanvre d'Europe, mais ils sont moins sujets à s'allonger et conviennent surtout pour la transmission du mouvement.

Enfin nous citerons les cordes en coton, également à trois torons. Elles sont tressées lâches et employées exclusivement comme organes de transmission.

Câbles métalliques

Ces câbles se composent généralement de six torons renfermant chacun six fils de fer ou d'acier de 1/2 à 2 mm. Ces six fils sont enroulés autour d'une âme en chanvre, et les six torons eux-mêmes sont tordus autour d'une âme de même nature (fig. 67).

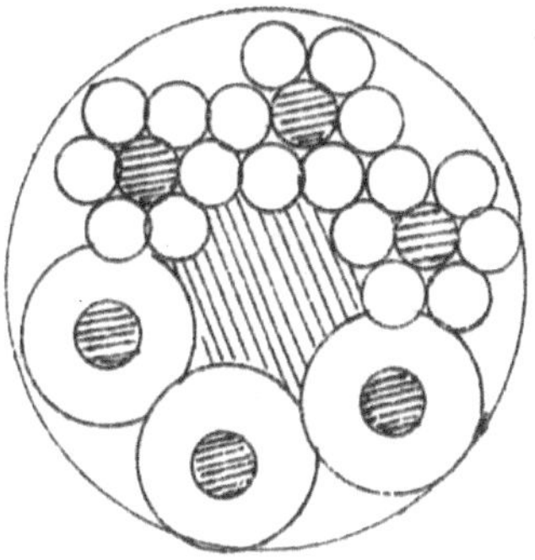

Fig. 67.

Les âmes en chanvre rendent les câbles plus élastiques, et les conservent en répartissant également les efforts sur tous les fils.

On fait aussi des câbles plats en fils métalliques.

La résistance d'un câble varie énormément avec la qualité des fils. La charge P qu'il peut supporter en toute sécurité est donnée par la formule :

$$P = R\, n\, (\pi\, d^2 / 4)$$

n est le nombre de fils

d leur diamètre

R = 6 kilos pour les fils de fer.
R = 15 » » » d'acier.

Transmission par câbles

Pour transporter la force motrice à distance, le problème était difficile à résoudre avec les courroies ; on y est parvenu aisément à l'aide de transmissions par câbles ou transmissions télédynamiques.

Ces transmissions sont dites flottantes, les brins ne sont pas tendus, c'est le poids du câble qui produit l'entraînement. Elles marchent à une grande vitesse. On distingue deux genres de transmission, suivant qu'on emploie des câbles en fibres végétales ou des câbles métalliques.

Transmission par câbles en fibres végétales

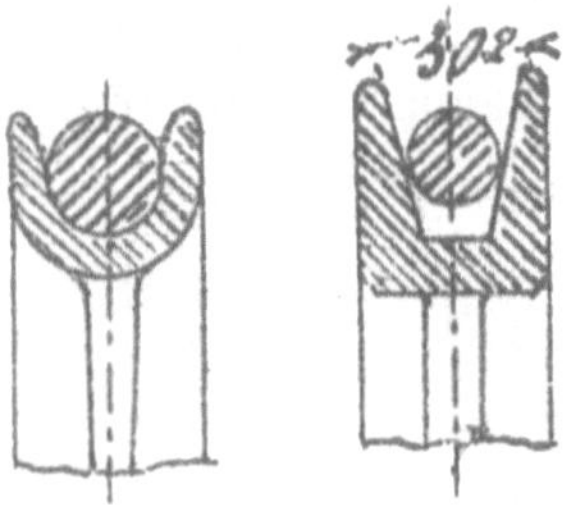

Fig. 68.

Ce genre de transmission date de 1860 ; il est plus économique que celui par courroies, mais ne peut être employé que dans les endroits couverts.

Les câbles employés ont de 30 à 50 millimètres de diamètre et la distance des poulies peut atteindre 60 mètres. La vitesse de ces câbles est de 10 à 20 mètres à la seconde.

Les extrémités sont réunies par une épissure : (mode particulier de tressage, qui doit être longue et aussi dissimulée que possible.

Les poulies employées peuvent affecter les formes de la figure 68.

Lorsqu'on veut transmettre des efforts considérables, on emploie plusieurs câbles et des poulies à gorges multiples. Cette disposition

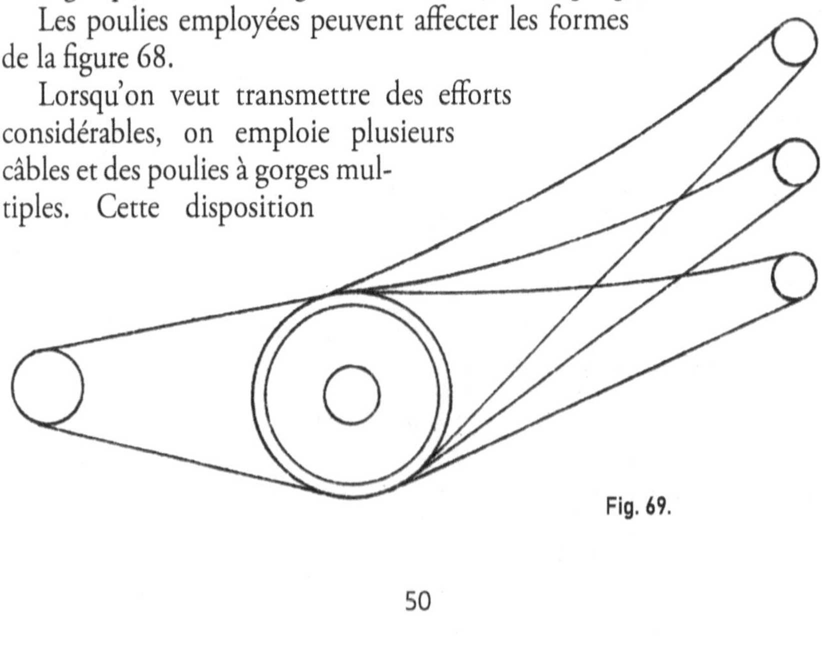

Fig. 69.

permet quelquefois de simplifier les installations, comme dans le cas indiqué par la figure 69, où une poulie transmet le mouvement à plusieurs endroits à la fois. Le diamètre d'un câble est donné dans ce cas par la formule :

$$d = 63{,}25 \sqrt{(N / n\,v)}$$

N désigne le nombre de chevaux à transmettre.
n le nombre de câbles.
v la vitesse en mètres par seconde.

Les poulies doivent être assez grandes pour atténuer la raideur des cordes à l'enroulement. Si elles doivent former volant, leur diamètre égale 60 à 100 fois celui du câble, 20 à 40 fois dans les cas ordinaires.

Les cordes en coton ne sont guère employées que pour transmettre le mouvement à des machines, à des ponts roulants : le mouvement qu'elles donnent est très doux. Le prix élevé de ces cordes en a restreint l'application.

Le diamètre d'une corde en coton est de 20 mm au maximum. Le diamètre des poulies est de 15 à 20 fois celui de la corde. La vitesse peut atteindre 25 m par seconde.

Le coefficient de résistance pratique est de 0 k. 3 par millimètre carré:

$$\text{le diamètre } d = 2{,}06 \sqrt{P}$$

Transmission par câbles métalliques

Cette transmission a été inventée par Hirn, en 1850. Elle convient très bien pour des efforts considérables et a le grand avantage de pouvoir s'employer en plein air. On entretient le câble avec un mélange de suif, de résine et de graisse.

Le brin moteur du câble est généralement en dessus, et les deux poulies peuvent être éloignées de 100 mètres. Si le brin inférieur passe trop près de terre en raison de la courbe du câble, on soutient ce brin à l'aide de galets. La vitesse de ces câbles peut aller jusqu'à 30 mètres.

Fig. 70.

La jonction de deux brins peut se faire au moyen d'une épissure, mais il vaut mieux employer une agrafe spéciale (figure 70). Les poulies portent une gorge en forme de V, mais le câble n'est pas coincé.

Au fond de la gorge est pratiquée une rainure en queue d'hironde

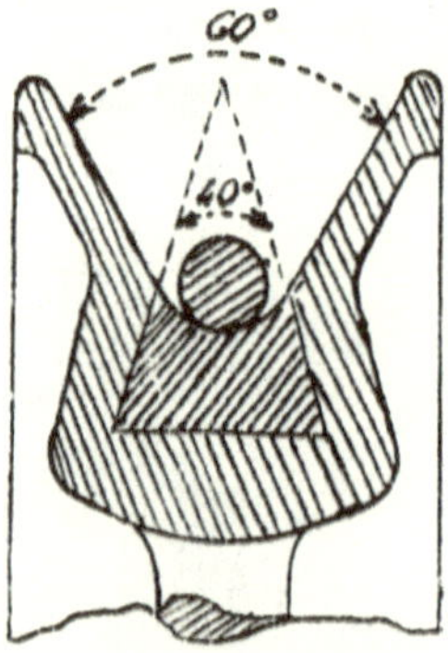

Fig. 71.

que l'on garnit de cuir (fig. 71). Les poulies sont d'un grand diamètre : jusqu'à 120 fois celui du câble. Elles doivent être légères, et pour cette raison les bras se font quelquefois en fer forgé. Ces poulies doivent tourner parfaitement rond si on veut éviter que le câble tombe. Dans ce but, un bon moyen consiste à tourner la garniture en cuir après la pose. Il faut néanmoins éviter d'établir ces câbles dans les endroits passagers.

Lorsque la distance entre le moteur et le récepteur est considérable, on établit des poulies intermédiaires montées sur un pylône (fig. 72). Les poulies des pylônes sont nécessairement à double rainure, et l'on peut profiter de ces stations, pour établir des engrenages changeant la direction du mouvement.

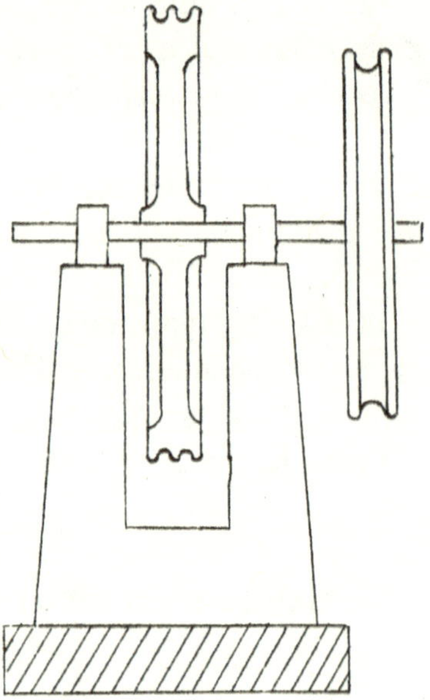

Fig. 72.

Le poids des câbles étant considérable, il de les monter sur leurs poulies. Il faut les cordes ou se servir d'un monte-câble formé cintré, que l'on fixe sur les bras des poulies.

Le diamètre d'un câble devant transmettre un travail de N chevaux, peut se déduire de la formule :

$$d = 13{,}864 \sqrt{(N / n R v)}$$

n indique le nombre de fils.

v la vitesse en mètres par seconde.

R Le coefficient de résistance (égal à 6 kilog. pour les fils de fer et 15 kilog. pour les fils d'acier).

Chapitre VI

Tourillons

Classification

Les tourillons sont les parties des arbres supportées par un palier.

Ils peuvent être soumis à des efforts dirigés, soit perpendiculairement à leur axe, soit dans le sens de l'axe ; ils se divisent, par suite, en deux classes :

1. - Tourillons à pression transversale ;

2. - Tourillons à pression longitudinale.

1. – Tourillons à pression transversale — Suivant la place qu'ils occupent sur l'arbre, ces tourillons prennent le nom de tourillons frontaux ou de tourillons intermédiaires.

Un tourillon frontal (fig. 73) est celui qui se trouve à l'extrémité d'un arbre. Il affecte généralement la forme cylindrique (*arbres de transmission*).

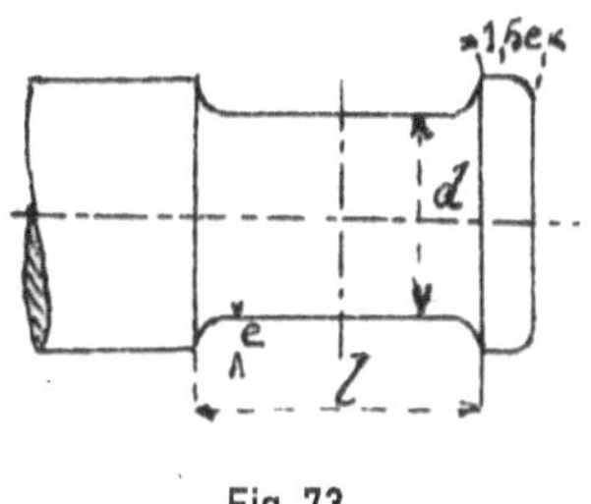

Fig. 73.

Deux parties élevées ou collets limitent le jeu dans le sens de l'axe.

Ces tourillons peuvent aussi être sphériques ou coniques : sphériques quand les organes qu'ils supportent ne se meuvent pas toujours dans un plan normal à leur axe (*tourillons des têtes de bielles de locomotives*), coniques pour diminuer les frottements (*appareils de précision, horlogerie*).

Les tourillons cylindriques peuvent se calculer par la formule générale :

$$d = \sqrt[2]{(16/\pi R) \times (l/d) \times P}$$

d est le diamètre du tourillon en centimètres,
l la longueur en centimètres,
R le coefficient de résistance qu'on fait de :
3 kilogrammes pour la fonte,
6 kilogrammes pour le fer,
10 kilogrammes pour l'acier.

Au-dessous de 150 tours à la minute :

$l/d = 1{,}33$ pour la fonte ; $d = 1{,}5\sqrt{P}$
$l/d = 1{,}5$ pour la fer ; $d = 1{,}12\sqrt{P}$
$l/d = 1{,}8$ pour l'acier ; $d = 0{,}95\sqrt{P}$

Au-dessus de 150 tours :

$l/d = 0{,}13\sqrt{n}$ pour le fer ; $d = 0{,}32\sqrt{P}\ \sqrt[4]{n}$
$l/d = 0{,}17\sqrt{n}$ pour l'acier ; $d = 0{,}27\sqrt{P}\ \sqrt[4]{n}$

n désigne le nombre de tours par minute.

En général, lorsqu'un tourillon doit tourner à une grande vitesse (ventilateurs, dynamos), on doit lui donner le plus petit diamètre compatible avec la solidité. La longueur *l* égale jusqu'à six à huit fois *d*. La raison est que le travail de frottement se trouve, par suite de la réduction du diamètre, considérablement diminué.

Les tourillons intermédiaires (fig. 74) sont ceux qui se trouvent situés en un point quelconque d'un arbre. Ils sont généralement du même diamètre que l'arbre ; les collets sont ménagés à la forge ou formés par deux bagues ajustées à froid ou frettées à chaud.

Enfin, on peut faire rentrer dans cette catégorie de tourillons, les axes des chapes, qui supportent des efforts de cisaillement et qu'on appelle des tourillons à fourchette (fig. 75).

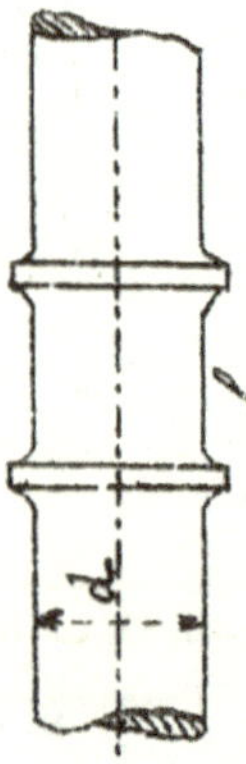

Fig. 74.

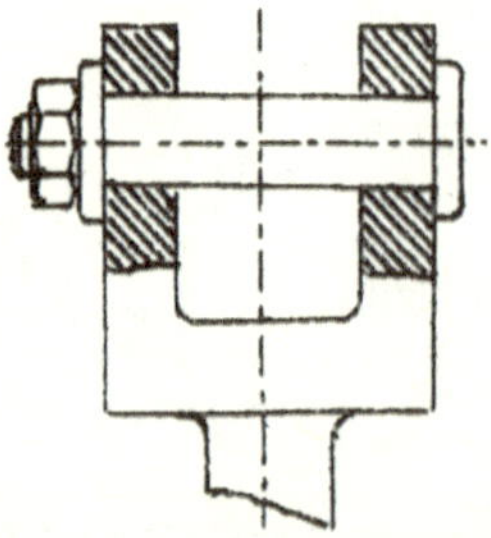
Fig. 75.

2. - Tourillons à pression longitudinale ou pivots. — Ce sont des tourillons établis, le plus souvent, aux extrémités des arbres verticaux et qui supportent par leur base la pression que ces arbres subissent dans le sens de leur longueur (fig. 76).

Quand l'arbre est en fer et d'un petit diamètre, le pivot et l'arbre sont d'une seule pièce.

Si l'arbre est d'un grand diamètre ou s'il est en fonte, on perce à son extrémité un trou conique et on ajuste un pivot en acier.

Les bases des pivots se font planes ou convexes ; elles reposent sur des pièces nommées grains, en acier trempé, en bronze ou en bois de gaïac suivant les cas.

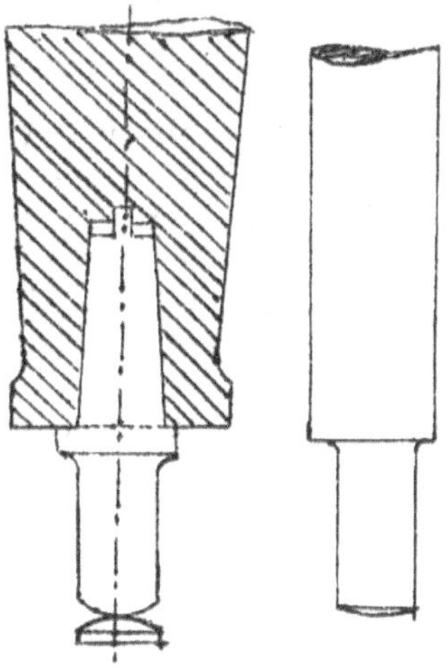

Fig. 76.

Le diamètre des pivots pour lesquels n = 150 au maximum peut se déduire de la relation :

$$d = K\sqrt{P}$$

K = 1,86 pour fer ou acier sur bronze,
2,6 pour fonte sur bronze,
1,3 pour fer sur bois.

Si n est inférieur à 150 :

$d = 0{,}15\sqrt{p\,n}$ pour fer ou acier sur bronze.

Lorsque les arbres horizontaux sont soumis à de fortes pressions dans le sens de leur axe, lés collets useraient bientôt les joues des coussinets, si on ne répartissait pas la pression en employant des tourillons à cannelures (fig. 77).

Les tourillons de ce dernier genre peuvent également servir à soutenir, par leur partie supérieure, des arbres verticaux.

Tourillons d'arbres en bois

Les roues hydrauliques ont assez souvent des arbres en bois. Leurs tourillons, en fer ou en fonte, sont fixés par divers moyens.

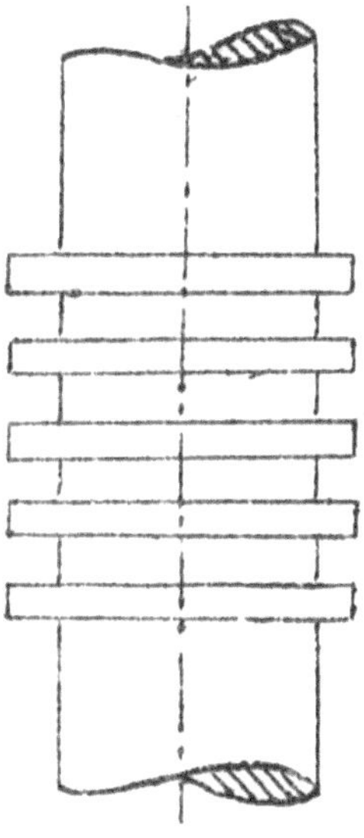

Fig. 77.

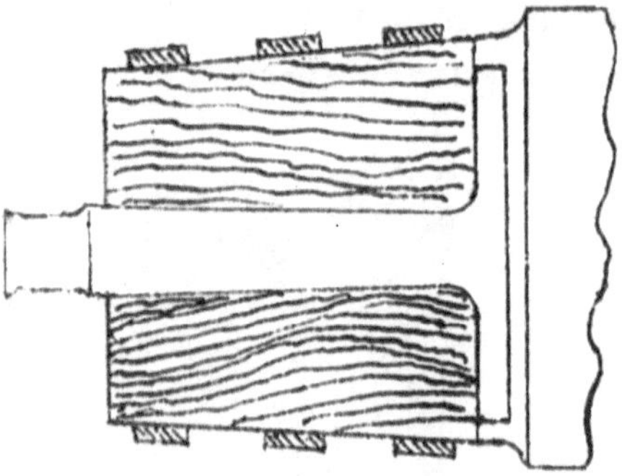

Fig. 78.

La figure 78 représente un tourillon en fer dont le prolongement a la forme d'un T. On l'encastre dans le bois, et on rapporte ensuite des morceaux de remplissage maintenus avec des cercles en fer.

La figure 79 représente un tourillon en fonte fixé en bout à l'aide de boulons. L'arbre est peu entaillé.

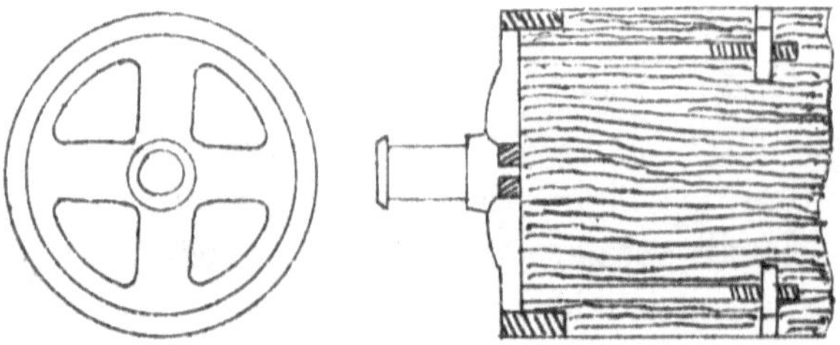

Fig. 79.

Chapitre VII

Paliers

Les paliers sont des bâtis en fonte supportant les tourillons. On les divise en deux classes :

1. - Paliers pour tourillons à charge transversale ;

2. - Paliers pour tourillons à charge longitudinale.

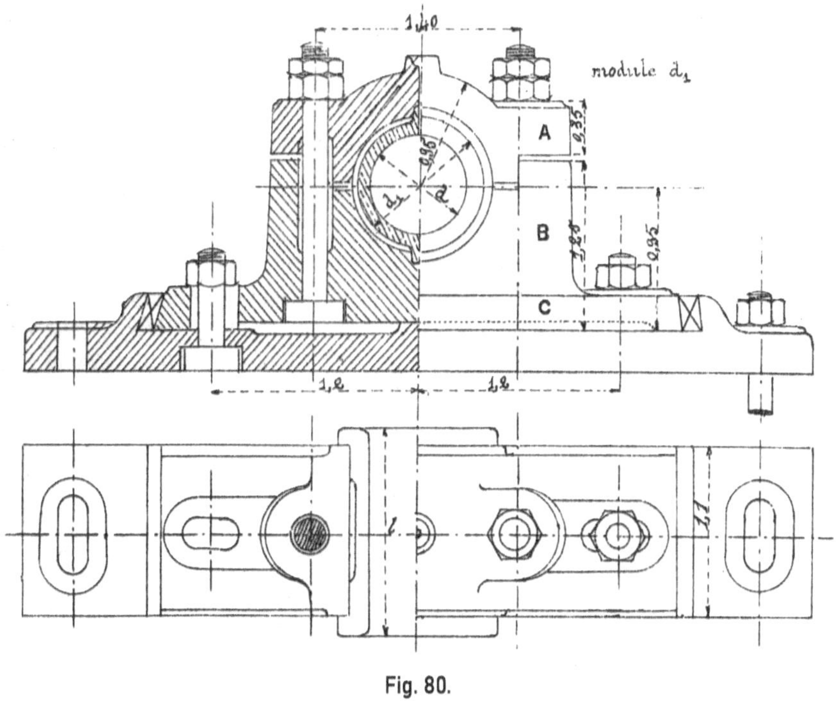

Fig. 80.

I. — Paliers pour tourillons a charge transversale.

Les principaux genres de ces paliers sont les suivants : paliers normaux, paliers console, paliers à trois coussinets, paliers articulés, paliers à galets, chaises.

Paliers normaux

Le palier le plus simple et le plus fréquemment employé est celui représenté par la figure 80. C'est le palier normal. Il se compose, comme tous les paliers, de deux parties principales ;

a. le corps du palier,
b. les coussinets.

Corps du palier

Le corps du palier, en fonte, comprend le chapeau A, le corps proprement dit B et la semelle C.

En se reportant à la figure 80, on pourra faire les observations suivantes :

Le dessous de la semelle est évidé pour faciliter le dressage, tout en réduisant la matière. Les côtés latéraux de la semelle sont inclinés pour permettre le clavetage sur la plaque de fondation. Les trous des boulons de fixation sont oblongs afin de faciliter le réglage. Un vide est ménagé entre le corps du palier et le chapeau pour laisser descendre ce dernier lorsqu'on veut rattraper le jeu des coussinets. On remplit généralement ce vide avec des plaques en bois, de façon que le serrage à bloc des coussinets ne coince pas le tourillon.

Le chapeau est réuni au corps du palier à l'aide de boulons. Ces boulons sont généralement munis d'écrous hauts ou de contre-écrous et ils ont du jeu sur une partie de leur longueur ; leur tête carrée est noyée dans la semelle.

Pour les forts paliers on emploie quatre boulons d'assemblage et quatre boulons de fixation.

Coussinets

Les coussinets sont formés de deux demi-bagues garnissant l'intérieur du palier et servant de guides de mouvement aux tourillons.

Ils portent des joues empêchant tout déplacement latéral et sont évidés au milieu, extérieurement, pour qu'ils portent bien dans la cage du palier. Dans la partie supérieure, on pratique des saignées ou *pattes d'araignées,* qui conduisent l'huile en tous les points du coussinet.

Les coussinets, supportant toute l'usure, finissent par s'ovaliser. On supprime leur jeu en limant les joints de leurs deux parties.

Pour faciliter l'ajustage, on donne aux coussinets, extérieurement, une forme cylindrique. Deux tenons pénétrant dans le palier empêchent le coussinet de tourner. (Fig. 81 a.)

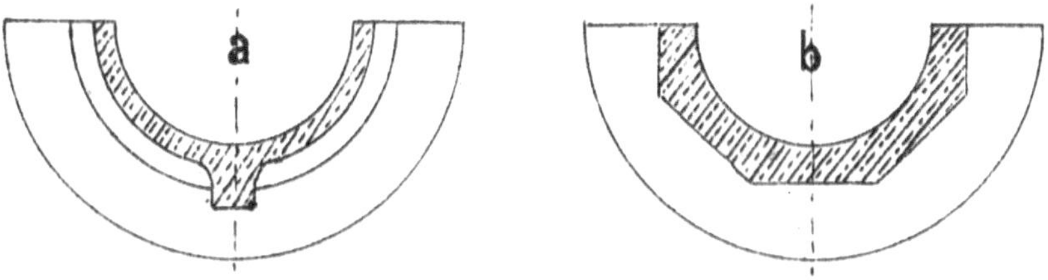

Fig. 81.

On peut aussi leur donner une forme extérieure polygonale. (Fig. 81 b.)

Les coussinets peuvent se faire en une pièce, on les fend avec la scie à métaux après l'alésage. Lorsqu'ils sont fondus en deux morceaux, on dresse d'abord les plans des joints, on soude les deux parties à l'étain et on les alèse. Le coussinet étant ajusté, un petit coup de maillet sépare les deux bagues. C'est cette dernière méthode qui est employée le plus souvent.

Les coussinets se font généralement en bronze, de préférence en bronze phosphoreux.

Pour éviter le chauffage, on pratique quelquefois des cavités intérieures dans lesquelles on coule du métal blanc (voir alliages).

Il existe aussi des coussinets entièrement en métal blanc ; on leur donne alors de la résistance en coulant ce métal dans une coquille en fonte (palier Piat, dit Compound).

Les coussinets se font assez rarement en fonte ou en bois. Ces derniers sont en gaïac, ils ont extérieurement une forme rectangulaire.

Si d représente l'alésage d'un coussinet, son épaisseur la plus faible sera : $e = 0{,}07\ d + 3$ millimètres.

Le diamètre extérieur $d1 = 10 + 1{,}15\ d$

Paliers console

Pour fixer un palier contre un mur ou contre une colonne, on dispose la semelle perpendiculairement à l'axe horizontal du palier. Le palier

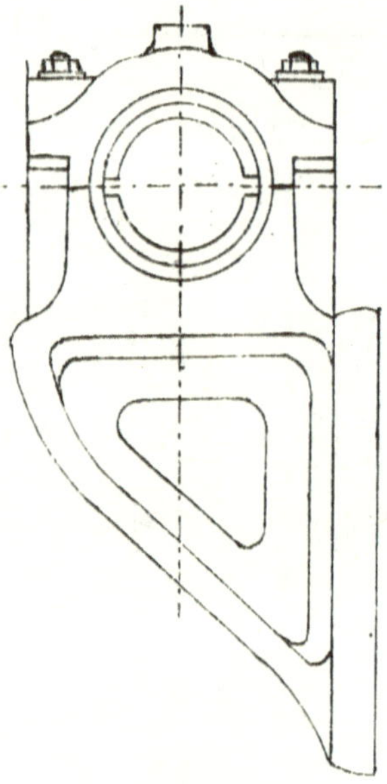

Fig. 82.

est dit alors à console. Le palier à console peut être venu de fonte avec la console qui le supporte (fig. 82) ; mais il est préférable de se servir d'un palier normal que l'on boulonne sur une console indépendante ou chaise-applique. (Fig. 83.)

Paliers à trois coussinets

Le palier à trois coussinets (fig. 84), est spécialement employé pour les machines à vapeur horizontales.

Pendant la marche, ces machines exercent une pression alternativement à droite et à gauche du palier, et il ne convient pas que le plan de séparation des coussinets se trouve dans la direction de cette pression. Ceci n'a pas lieu avec des coussinets en trois pièces ; de plus chacune des parties peut être réglée à l'aide de clavettes ou de vis de pression.

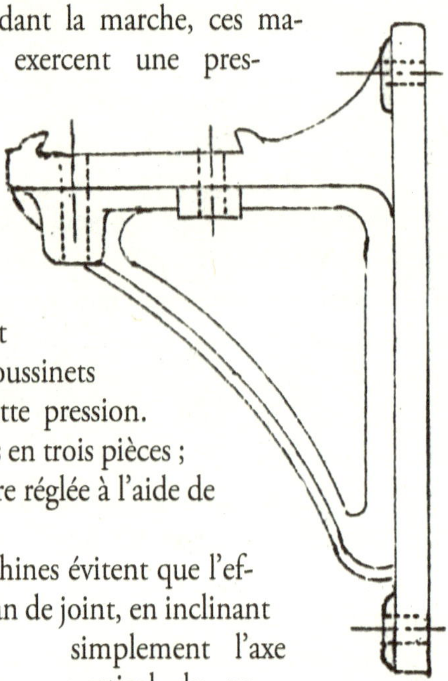

Fig. 83.

Quelques constructeurs de machines évitent que l'effort horizontal ait lieu suivant le plan de joint, en inclinant simplement l'axe vertical du palier. On a alors un palier incliné, généralement venu de fonderie avec le bâti de la machine.

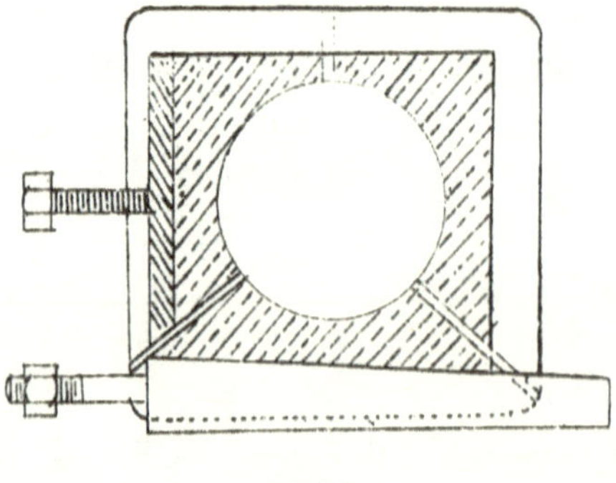

Fig. 84.

Paliers articulés

Dans ce genre de paliers, les coussinets peuvent s'obliquer

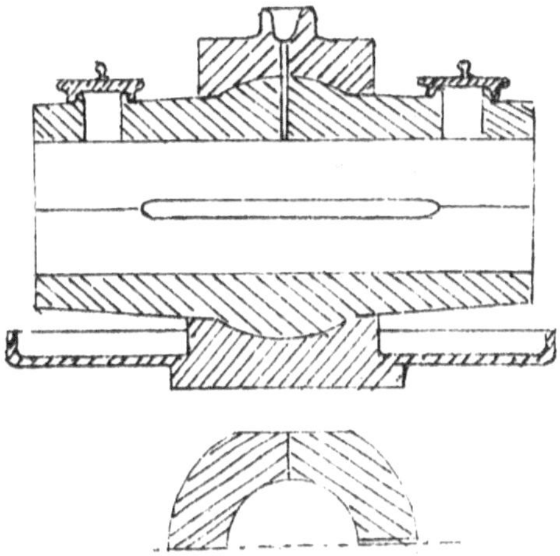

Fig. 85.

dans tous les sens et par conséquent les tourillons s'appliquent exactement. Les coussinets reposent simplement en leur milieu à l'aide de deux saillies sphériques engagées dans des cavités correspondantes, pratiquées dans la fonte du palier.

Le palier type de cette catégorie est représenté par la figure 85, c'est le palier Sellers.

Les coussinets sont en fonte ; leur grande longueur, *l* = 4 *d*, les désigne pour les arbres tournant à une grande vitesse. Le graissage se fait en trois points différents.

La maison Piat, à Paris, construit des paliers articulés dont les coussinets en fonte sont entièrement garnis de métal blanc à l'intérieur.

Paliers à galets

Dans ces paliers (fig. 86), le tourillon repose sur six rouleaux en acier trempé tournant autour d'axes en fer cimenté.

Les axes sont soutenus par deux couronnes latérales que l'on introduit

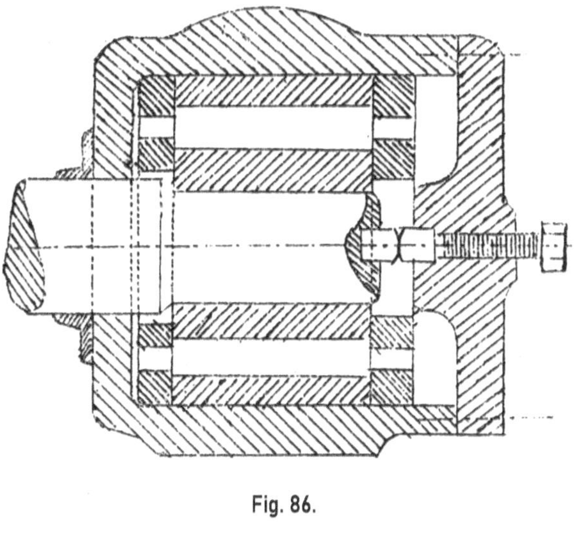

Fig. 86.

par le côté, dans la boîte formant palier. Une vis de pression limite le jeu dans le sens de l'axe.

Les rouleaux employés ont pour but de diminuer le frottement, en substituant le roulement au glissement.

Chaises

Lorsque la plaque de fixation d'un palier est au-dessus de l'axe de rotation, la disposition du palier ordinaire doit être évitée, parce que la pression exercée par le tourillon serait tout entière supportée par les boulons d'assemblage. Il faut alors avoir recours à des paliers désignés sous le nom de *chaises.* Les chaises servent surtout à soutenir les arbres de transmission; les principales sont les suivantes :

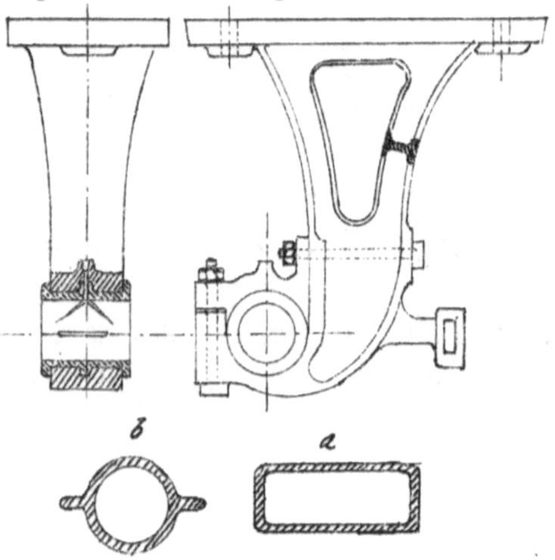

Fig. 87.

Chaise à nervures ou à col de cygne

Cette chaise (fig. 87) est ainsi appelée en raison de sa forme. Pour diminuer le porte-à-faux, l'axe vertical des coussinets est assez près de celui de la chaise, et de ce fait, un des boulons d'assemblage doit être disposé horizontalement.

Au lieu de munir cette chaise de nervures, on la fait quelquefois unie extérieurement, mais creuse, comme l'indique la section a, tout en gardant la forme d'un crochet. Le bâti peut aussi se composer d'une colonne creuse renforcée par des nervures (section b).

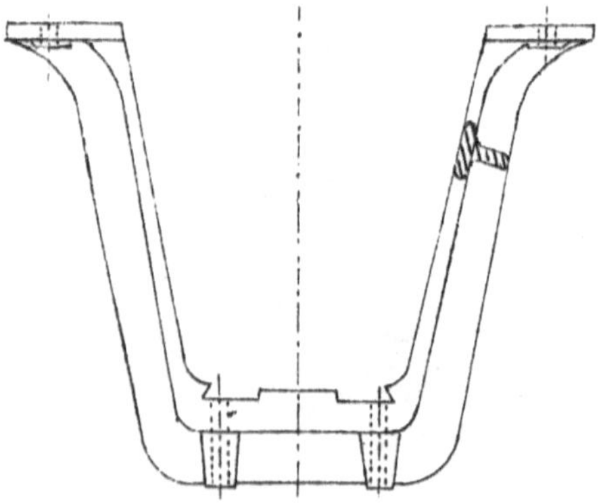
Fig. 88.

Chaise à deux jambes

Cette chaise est plus rigide que la précédente et le porte-à-faux est complètement supprimé. La disposition la plus simple est celle indiquée par la figure 88. Cette chaise en V peut recevoir n'importe quel palier.

Chaise Sellers (fig. 89).

Cette chaise est munie du coussinet articulé que nous avons étudié précédemment, mais il est, le plus souvent, d'une seule pièce, et le tourillon s'introduit en bout. Deux vis à filet trapézoïdal portent lés cavités sphériques qui maintiennent le coussinet et permettent de le régler avec beaucoup de précision. Cette chaise est fort élégante.

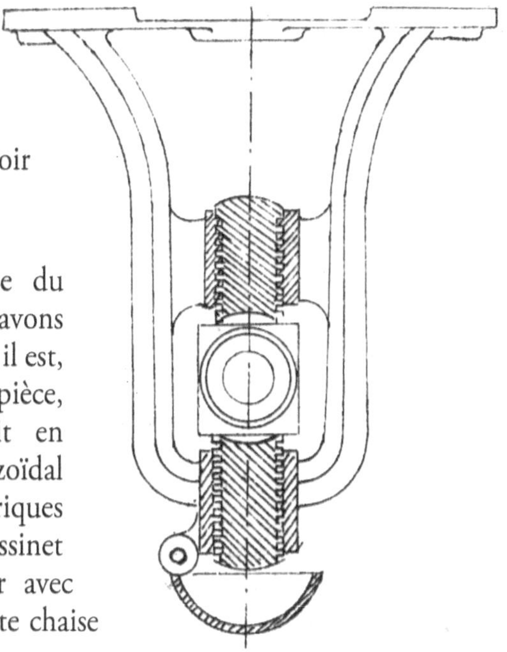

Fig. 89.

Boîtes à graisse

On désigne sous le nom de boîte à graisse un palier spécial destiné à recevoir les fusées ou tourillons des essieux supportant les véhicules des chemins de fer.

Ce palier est d'une seule pièce, il ne porte pas par conséquent de boulons d'assemblage ; sa forme générale (fig. 90) est celle d'une boîte munie d'un couvercle. Ce couvercle permet d'introduire la graisse ou l'huile employée pour lubrifier le tourillon.

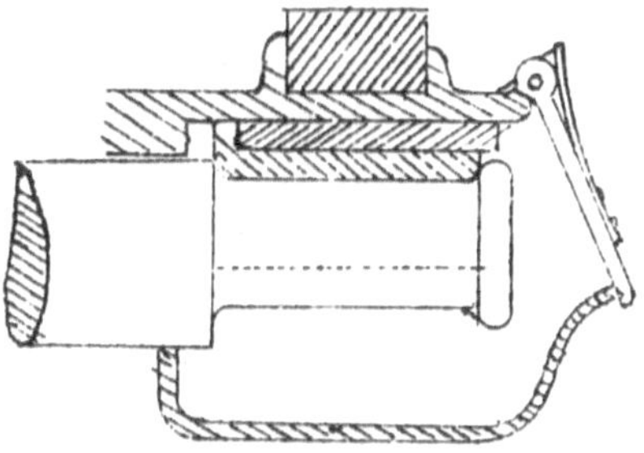

Fig. 90.

Le coussinet ne se compose que de la coquille supérieure, disposée de façon à pouvoir s'enlever sur la voie.

Crapaudines

Les crapaudines sont des paliers destinés à recevoir les pivots des arbres verticaux.

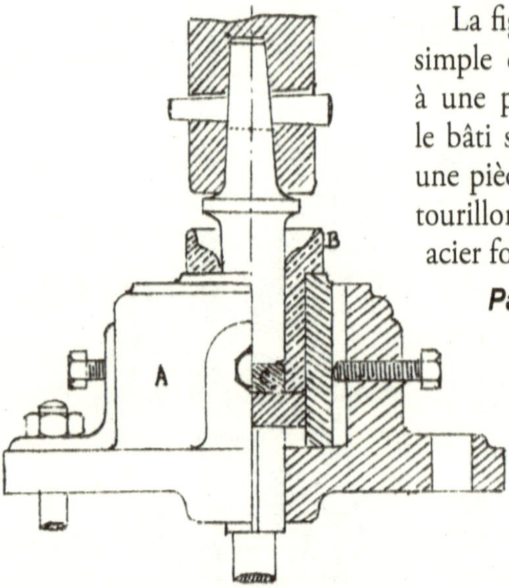

Fig. 91.

La figure 91 en montre un type simple composé d'un bâti A relié à une plaque de fondation. Dans le bâti se trouve le coussinet B en une pièce. Au fond du coussinet le tourillon repose sur une pièce en acier fondu C nommé *grain*.

Paliers de butée

Ce sont des paliers supportant des tourillons horizontaux soumis à des pressions longitudinales. Ces paliers peuvent être munis de grain comme le palier à galets décrit précédemment. Si les arbres doivent tourner dans l'eau, le grain peut être constitué par un tourteau en bronze dans lequel on implante des chevilles en bois de gaïac. L'extrémité du tourillon est terminé de la même façon.

On peut encore employer comme paliers de butée, des paliers ordinaires dont les coussinets (fig. 92) portent des empreintes destinées à recevoir les saillies des tourillons à cannelures.

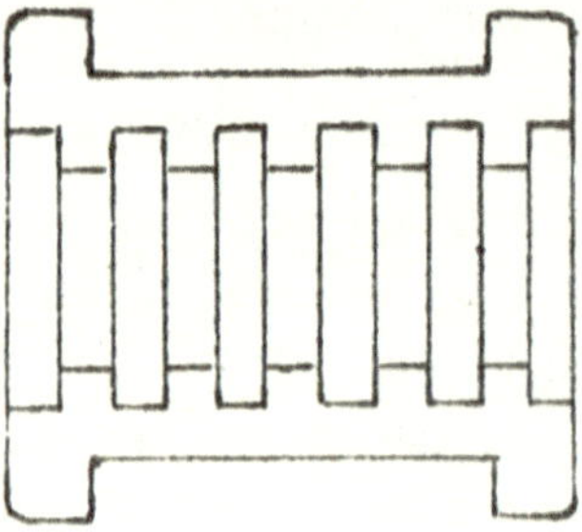

Fig. 92.

Paliers graisseurs

On désigne ainsi des paliers présentant des dispositifs particuliers dans le but de remédier à l'insuffisance de graissage des paliers ordinaires. Les paliers graisseurs jouent un grand rôle dans la mécanique.

Les bons paliers graisseurs doivent graisser pendant la marche seulement, être simples et propres. On peut les diviser en deux catégories :

1. - Paliers où le graissage se fait par entraînement ou projection d'huile ;

2. - Paliers où le graissage se fait par capillarité.

1re Catégorie. — Le palier type de la première catégorie est le palier Decoster (fig. 93). Une rondelle taillée en biseau sur sa circonférence, est fixée sur l'arbre ; elle plonge dans un réservoir d'huile. Pendant la rotation l'huile est projetée sur le chapeau et descend sur le tourillon.

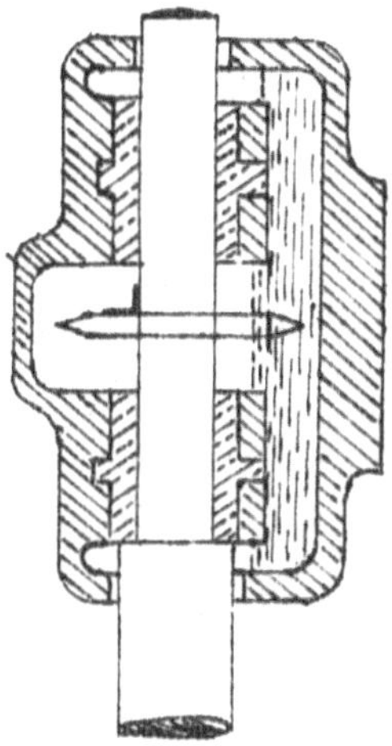

Fig. 93.

La rondelle est aujourd'hui remplacée fréquemment par une simple bague d'un diamètre plus grand que le tourillon et reposant librement sur ce dernier (fig. 94). On peut aussi employer pour élever l'huile, une chaînette (système Ohl) ou une came.

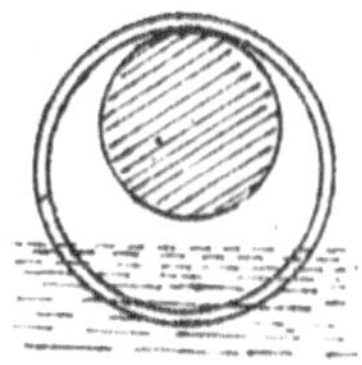

Fig. 94.

2me Catégorie. — Les principaux paliers de cette catégorie sont les suivants :

Le palier Boudin, dans lequel on utilise la capillarité d'une mèche en coton qui frotte le tourillon par une extrémité, et qui baigne dans l'huile par l'autre extrémité.

Dans le palier Piat (fig. 95), très répandu aujourd'hui, la mèche est métallique ; elle est formée d'une lame de laiton repliée plusieurs fois. Cette mèche est engagée dans une tubulure ; un ressort la presse contre l'arbre. En tournant, le tourillon aspire l'huile.

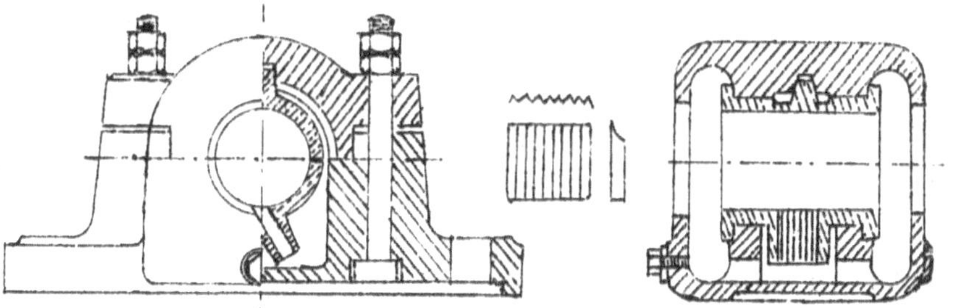

Fig. 95.

Au lieu de mèche, on utilise parfois du rotin, sorte de roseau poreux dont on taille l'extrémité en sifflet (fig. 96). Le frottement fait monter

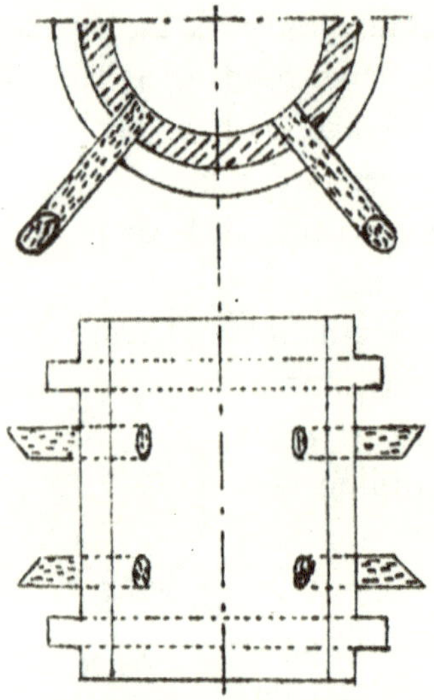

Fig. 96.

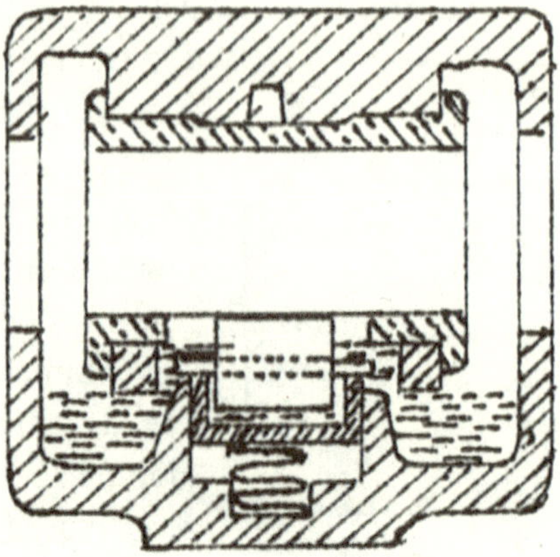

Fig. 97.

l'huile. Plus le rotin a servi, mieux l'huile passe.

Il existe également des paliers à flotteur (fig. 97). Un ressort presse le flotteur contre le tourillon qui le fait tourner en prenant l'huile adhérente à sa surface.

Chapitre VIII

Arbres de transmission et accouplements

Arbres

On désigne sous le nom d'arbres de transmission, les arbres qui transmettent le mouvement de rotation aux machines.

Ces arbres se font généralement en fer ou en acier, leur section est circulaire. Au-dessous de 10 centimètres, on les prend dans des barres laminées ; au-dessus on les forge. Ils sont chariotés et polis. Pour les forts diamètres, les arbres se font aussi en fonte, leur section est cruciforme.

Les transmissions pour la commande des machines-outils sont dites : transmissions principales ou transmissions intermédiaires. Les premières sont celles qui reçoivent directement leur mouvement du moteur ; les deuxièmes sont celles qui reçoivent le mouvement des transmissions principales, pour le transmettre ensuite aux machines-outils (fig. 112). Les transmissions principales sont formées de tronçons de 4 à 8 mm de longueur, réunis entre eux par des manchons d'accouplement. Ils sont soutenus par des chaises fixées à la charpente, contre un mur, ou contre des colonnes, et le plus près possible des accouplements. La section des différents tronçons va généralement en décroissant depuis le moteur jusqu'à l'autre extrémité de la transmission. Une transmission principale peut être souterraine, on l'installe dans un caniveau en maçonnerie recouvert de plaques de tôle qui permettent le graissage des paliers.

Les arbres de transmission, en raison du poids des organes qu'ils supportent et de la tension des courroies, travaillent par flexion, mais on néglige généralement cet effort et on les calcule uniquement à la torsion.

On peut calculer un arbre par la formule générale :

$$P\,l = R\,Z$$

Le moment de torsion peut s'exprimer en vertu du nombre de chevaux N à transmettre et du nombre de tours n à la minute. On a alors :

$$R\,Z = 71620\,(N/n)$$

dans cette formule *d* devra être exprimé en centimètres.

Le diamètre peut aussi se calculer directement en vertu du moment fléchissant par la formule :

$$d = K\sqrt[3]{P\,R}$$

d diamètre en centimètres,
K coefficient égal à 0,93 pour le fer, 0,79 pour l'acier et 1,11 pour la fonte,
P effort en kilogrammes,
R bras de levier en mètres.

Si les transmissions sont faibles, il faudra multiplier les résultats obtenus par 1,5 pour que les clavetages n'altèrent pas la solidité.

Accouplements

On donne le nom d'accouplements à des organes qui relient les différentes parties d'une transmission.

Les accouplements se divisent en deux catégories :

a. Accouplements assurant une liaison continue,
b. Accouplements permettant de transmettre ou d'intercepter à volonté le mouvement de rotation.

1re Catégorie. — Les dispositifs rentrant dans cette catégorie sont de deux sortes :

1. - Ceux qui servent à relier les arbres tournant autour d'un même axe géométrique.
Ces accouplements se nomment des manchons.
2. - Ceux qui permettent de transmettre le mouvement entre deux arbres qui ne sont point dans le prolongement l'un de l'autre.

Ces dispositifs se nomment des accouplements mobiles.

Manchons

Les manchons assurent des liaisons invariables. Ils se font en une ou deux pièces et doivent surtout ne présenter aucune partie saillante. Dans ces conditions, tout en ne présentant aucune cause de danger, les manchons peuvent au besoin servir de poulies de transmission.

La figure 98 représente un manchon en une pièce produisant l'entraînement au moyen d'un clavetage.

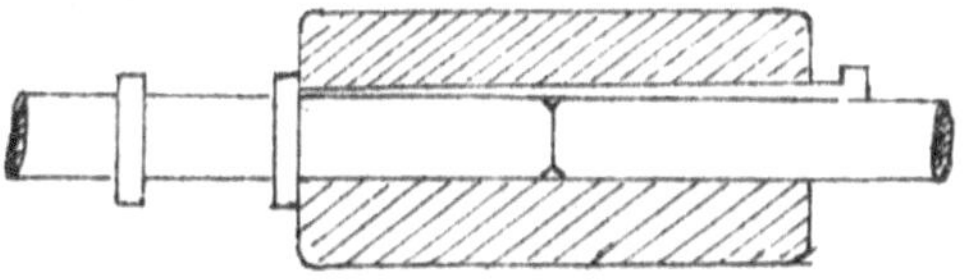

Fig. 98.

Dans le manchon Sellers (fig. 99), le serrage sur l'arbre se fait au moyen de deux bagues coniques rapprochées par des boulons.

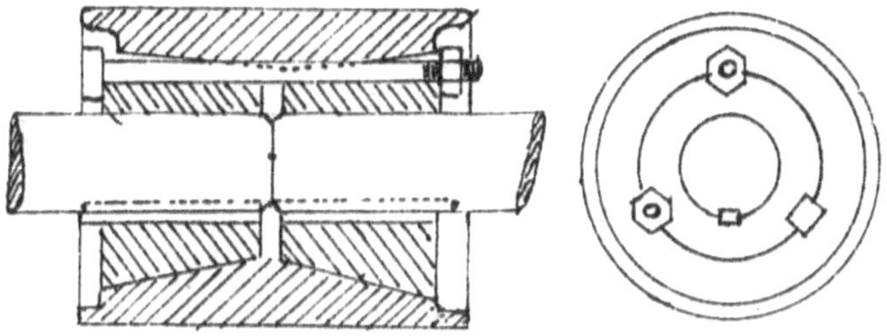

Fig. 99.

Le manchon en deux pièces (fig. 100) a les têtes de ses boulons logées dans des évidements. Le plan de joint des deux parties est parallèle à l'axe.

L'accouplement à plateaux (fig. 101) est très employé. Les plateaux à rebords se pénètrent par leur partie antérieure. La surface extérieure est convexe.

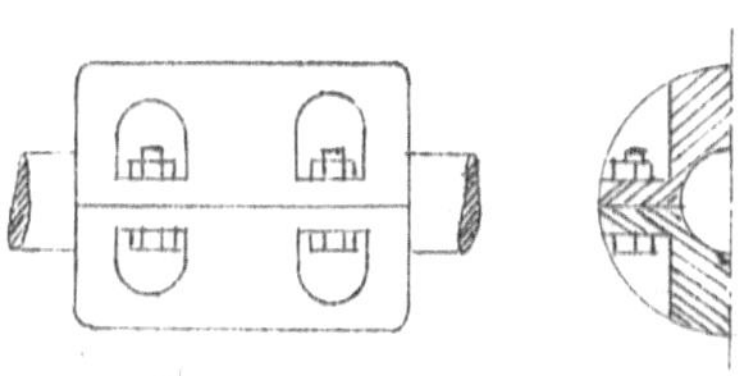

Fig. 100.

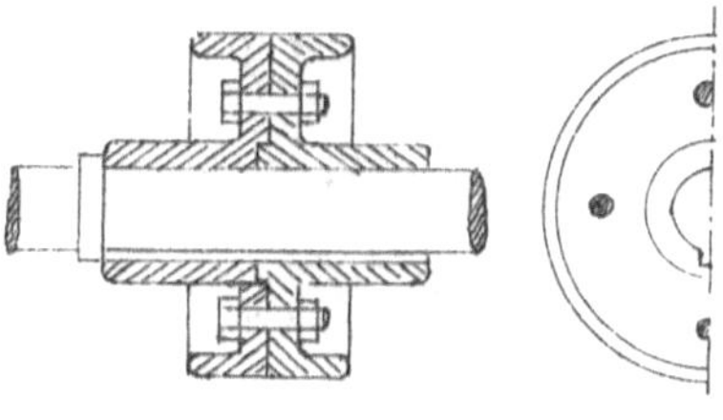

Fig. 101.

Pour les trains de laminoirs on se sert exclusivement du mode d'accouplement représenté par la figure 102. Ce dispositif, qui comprend deux manchons, a surtout pour but de rendre le démontage très facile, les cylindres des laminoirs étant sujets à de nombreux changements.

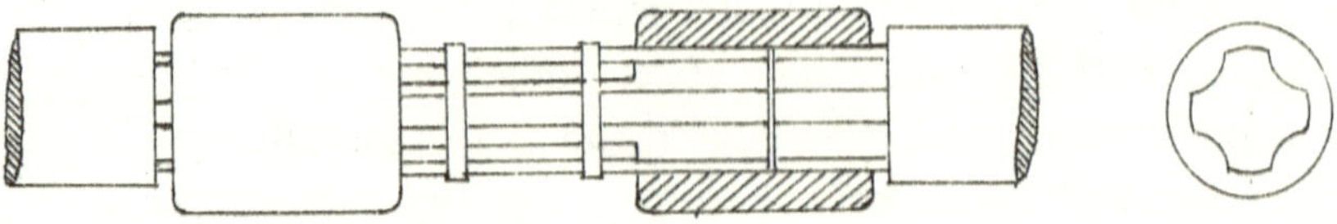

Fig. 102.

Accouplements mobiles

Si les arbres à réunir font entre eux un certain angle, ou s'ils sont susceptibles de se déniveler pendant la marche, on se sert d'un accouplement basé sur le principe du joint de Cardan.

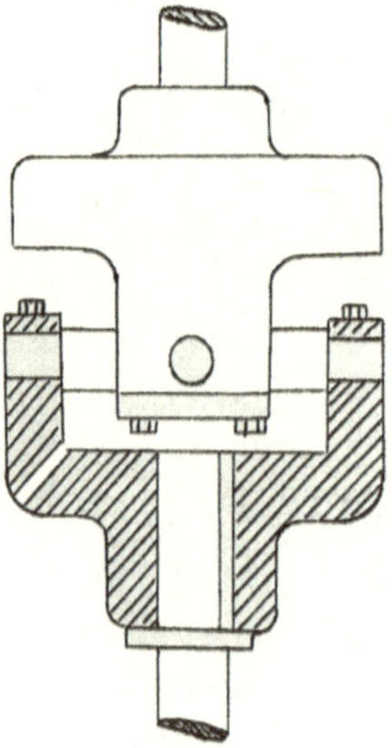

Fig. 103.

La figure 103 représente un de ces joints ; il est composé de deux fourches clavetées sur les arbres, et réunies par un croisillon dont les quatre bras sont ter-minés par des tourillons. La transmission n'est pas uniforme, elle l'est d'autant moins que les axes s'éloignent de 180°. Cet accouplement flexible présente beaucoup de variantes.

Si l'on a à réunir des arbres parallèles mais trop peu éloignés pour permettre une transmission par engrenages, on peut employer le joint de Oldam (fig. 104).

Cet accouplement se compose de trois plateaux. Deux sont clavetés à l'extrémité de chaque arbre et portent une rainure. Le plateau de milieu porte sur chaque face une saillie correspondante.

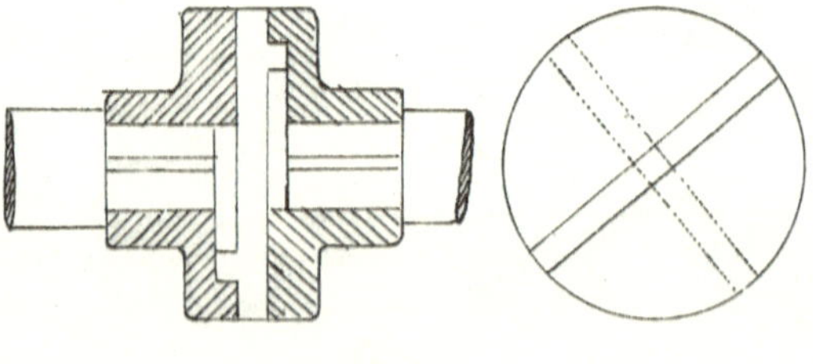

Fig. 104.

Ces saillies sont perpendiculaires entre elles et s'engagent dans les rainures, réunissant ainsi les deux plateaux extrêmes.

2e Catégorie. — Les accouplements permettant de communiquer ou d'intercepter le mouvement se nomment des embrayages ou des débrayages. Les principaux types sont les suivants :

Manchon à griffes (fig. 105)

Ce manchon est le plus communément employé, il se compose de deux parties munies de dents ou griffes qui produisent l'entraînement lorsqu'elles sont en contact. L'une des parties A est clavetée sur l'un des tronçons. L'autre partie peut glisser sur deux prisonniers. Cette partie mobile porte une gorge dans laquelle s'engagent les branches d'un levier à fourche.

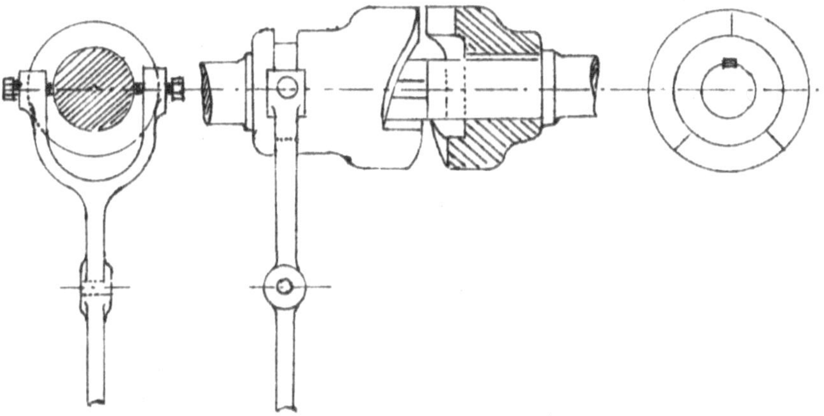

Fig. 105.

A l'aide de ce levier on fait pénétrer les deux pièces l'une dans l'autre et on assure ainsi la liaison.

Lorsque les dents ont la forme hélicoïdale représentée par la figure 105, l'embrayage ne peut se faire pendant la marche, et l'entraînement n'a lieu que dans un sens.

Manchons de friction

Ce sont des accouplements composés de plateaux que l'on serre les uns contre les autres au moyen de vis et de leviers. Le frottement développé sur leurs surfaces produit seul l'entraînement.

La figure 106 représente un type de débrayage à friction qui peut réunir deux arbres, tout aussi bien que les accouplements décrits

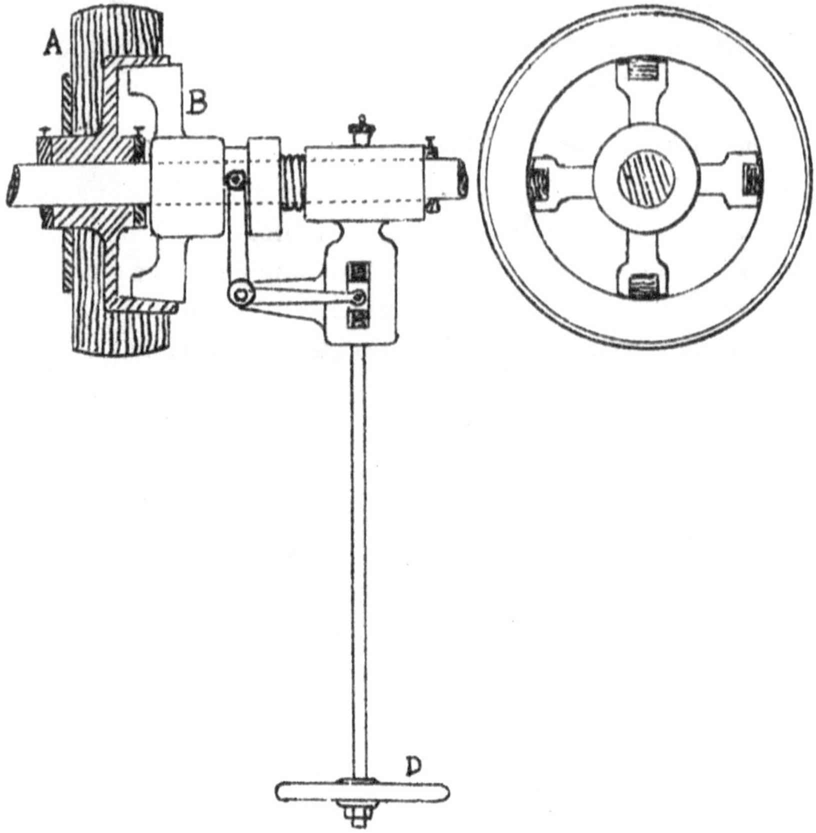

Fig. 106.

précédemment, mais qui permet aussi l'embrayage d'un arbre avec les roues dentées ou les poulies qu'il supporte. L'embrayage peut se faire sans choc et pendant la marche.

La cuvette A est folle sur l'arbre et la garniture en bois qu'elle supporte sert de poulie de transmission.

La partie B dont les quatre bras sont munis de sabots en bois, glisse sur des languettes fixées sur l'arbre. Au moyen du volant D, on fait avancer cette pièce qui vient se coincer dans la cuvette et entraîne ainsi la poulie.

Manchon Pouyer

Très souvent deux moteurs de force différente agissent ensemble sur le même arbre. Dans ce cas l'un des moteurs doit attaquer l'arbre par l'intermédiaire d'un manchon spécial qui permet d'éviter les chocs, lorsqu'un moteur varie de vitesse, ou même lorsqu'on l'arrête complètement.

L'un des types les plus employés dans ce cas est le manchon Pouyer (fig. 107). Il se compose d'une partie folle A dentée à sa surface pour recevoir l'action du moteur susceptible d'être arrêté.

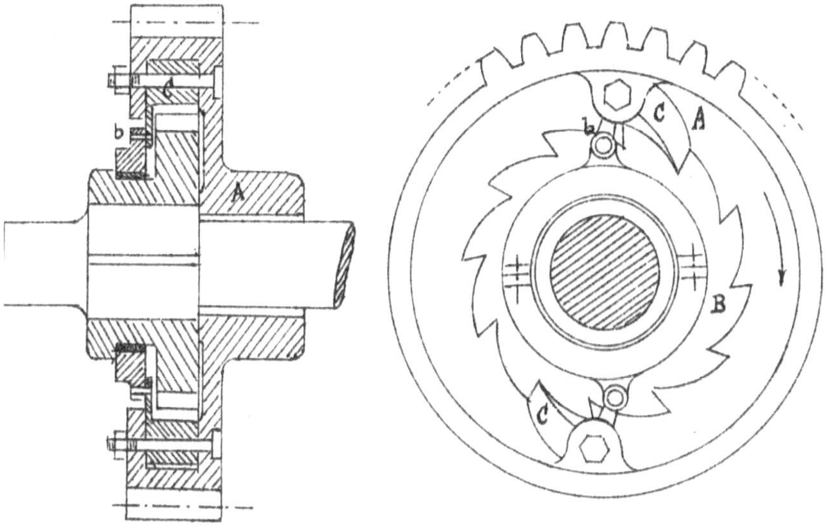

Fig. 107.

Intérieurement à cette cuvette, une roue à rochet B est clavetée sur l'arbre. Deux cliquets C s'engagent dans les dents de cette roue. Lorsque la partie A ne tourne plus, des leviers *b* entraînés par le frottement soulèvent les cliquets ; au contraire, si elle se remet en marche, les cliquets retombent à nouveau dans les dents et les actions des deux moteurs s'ajoutent.

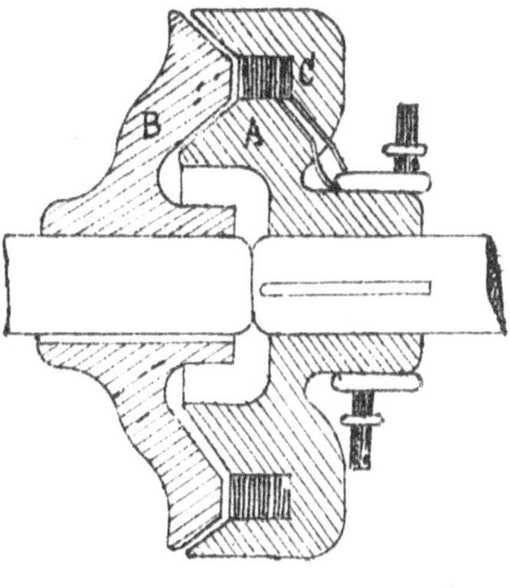

Fig. 108.

Embrayage magnétique

La figure 108 représente un embrayage magnétique dû à M. Bovet. L'action purement électrique est substituée à celle des ressorts ou des leviers. La partie A est clavetée sur son arbre. La partie B peut glisser sur deux prisonniers, son moyeu frotte entre deux balais qui amènent le courant.

A l'intérieur de cette pièce se trouve un électroaimant C qui produit, lorsqu'il est traversé par le courant, le rapprochement des deux parties A et B. L'entraînement a lieu alors par friction.

Accouplements par roues d'angle

Quand les deux parties d'une transmission font entre elles un angle voisin de 90°, on se sert assez souvent de roues coniques en fonte pour transmettre le mouvement. Afin de diminuer le bruit, l'une des roues porte des dents en bois ou *alluchons*. (Voir engrenages).

A ce système, on peut rattacher certains dispositifs que l'on rencontre fréquemment dans les machines-outils.

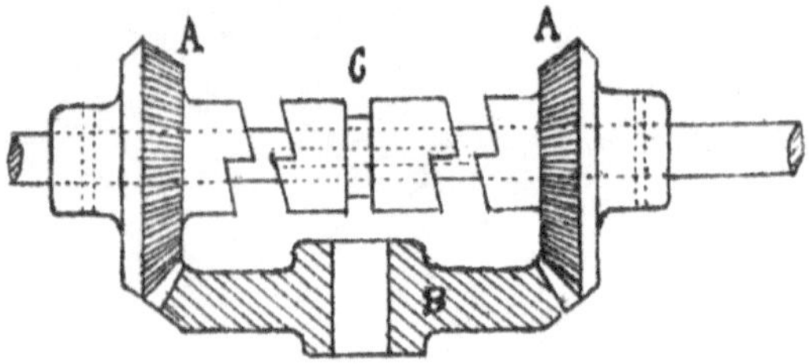

Fig. 109.

La figure 109 représente un mécanisme employé dans les machines à fraiser, tours parallèles, etc... et qui, tout en permettant de communiquer ou d'interrompre le mouvement, peut aussi faire tourner un arbre à droite ou à gauche. Deux pignons égaux A engrènent avec une roue B. Ces pignons sont fous sur l'arbre, mais une goupille empêche tout déplacement latéral. Les deux pignons tournent évidemment en sens inverse. Entre eux se trouve un manchon à griffes C qu'on peut faire glisser à l'aide d'un levier, sur des clavettes fixées sur l'arbre.

Si on embraye avec l'un ou l'autre de ces pignons, l'arbre tournera à droite ou à gauche.

Lorsque le manchon est dans la position moyenne le mouvement est intercepté.

Dans les raboteuses on trouve un accouplement par roues dentées qui produit le retour rapide du plateau (fig. 110).

Les poulies A, B, C sont placées sur le même axe ; celle du milieu B est folle, et la courroie s'y trouve dessus lorsque la machine est au repos. La poulie A est clavetée sur l'arbre, et à l'extrémité de ce dernier se trouve un

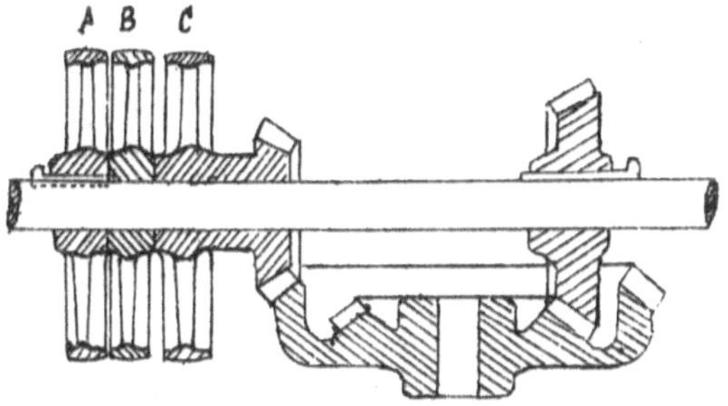

Fig. 110.

pignon engrenant avec une couronne dentée.

Une deuxième couronne, d'un diamètre plus elle engrène avec un pignon relié à la poulie A

Quand la courroie est sur la poulie C, le plateau avance, l'outil coupe : un petit pignon commande une grande roue, le mouvement est lent.

Quand le plateau est au bout de sa course, un mouvement automatique fait brusquement passer la courroie sur la poulie A, le mouvement change de sens, le retour est rapide : un plus grand pignon commande une plus petite roue.

Chapitre IX

Poulies et volants

Les poulies de transmission se composent d'une partie centrale ou moyeu, reliée à l'aide de *bras* à une couronne extérieure appelée *jante* ou *limbe* (fig. lit).

Le nombre de bras, toujours pair pour annuler les effets de la force centrifuge, dépend du diamètre de la poulie :

n nombre de bras ;
R rayon de la poulie ;
l largeur de la courroie ;

Les bras ont généralement une section ovale.

Leurs dimensions près de la jante sont les deux tiers de celles qu'ils ont près du moyeu.

Au moyeu, $h = 6 + l/4 + 1/10\ R/n$; $h1 = h/2$

Les bras se font droits ou courbes. Droits, ils sont plus résistants,

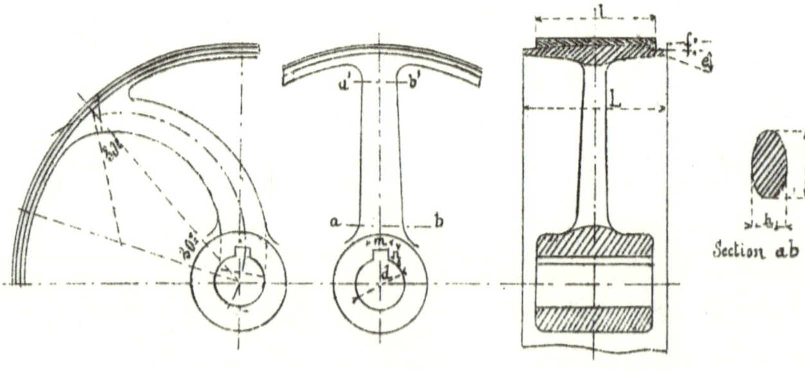

Fig. 111.

mais tendent à se rompre lors du retrait de la fonte. Le tracé des bras courbes par un seul arc de cercle est indiqué par les figures 111 et 118.

On donne aux jantes une forme bombée, les courroies ayant de la tendance à monter sur le point le plus élevé : $f = \frac{1}{20} L$

Les jantes se font très minces sur les bords : $e = \frac{1}{5} h$; leur largeur est un peu supérieure à celle de la courroie :

$$L = \frac{9}{8} (l + 10 \text{ mm})$$

La largeur l de la courroie est calculée en vertu du nombre de chevaux à transmettre (voir chapitre V).

L'alésage du moyeu est donné par le diamètre de l'arbre que l'on calcule à la torsion.

Le diamètre du moyeu est le double de celui de l'arbre et sa largeur égale celle de la courroie.

Le clavetage se détermine par les expressions :

$$d / 4 > m > d / 3 \,;\; m / 4 > n > m / 4$$

Poulies fixes. — Poulies folles —Tambours

Lorsqu'une poulie est clavetée sur un arbre, elle porte le nom de *poulie fixe* ; si elle tourne sans entraîner l'arbre, elle est dite *poulie folle*. La première sert à transmettre le mouvement, la deuxième à l'interrompre. Une poulie fixe et une poulie folle forment avec l'arbre qui les supporte une transmission intermédiaire (fig. 112).

Les poulies folles portent un graisseur sur leur moyeu. Elles sont maintenues d'un côté par la poulie fixe, et de l'autre par une bague d'arrêt, fixée à l'aide de vis.

En face de ces deux poulies, sur la transmission principale se trouve une autre

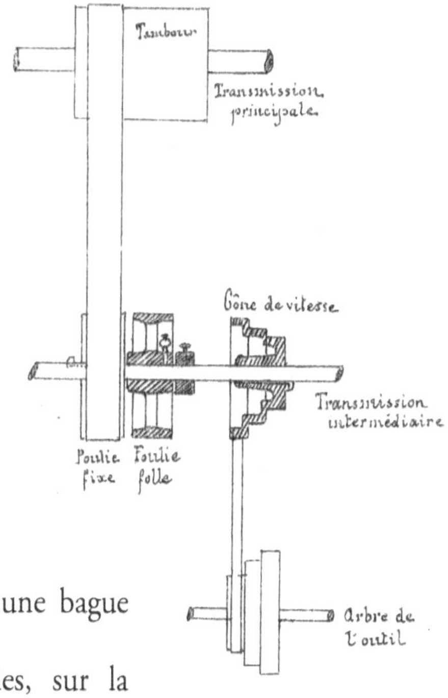

Fig. 112.

poulie, non bombée, dont la largeur est égale à la somme de leurs largeurs, et que l'on nomme un tambour. Les tambours portent quelquefois deux séries de bras.

Poulies en deux pièces

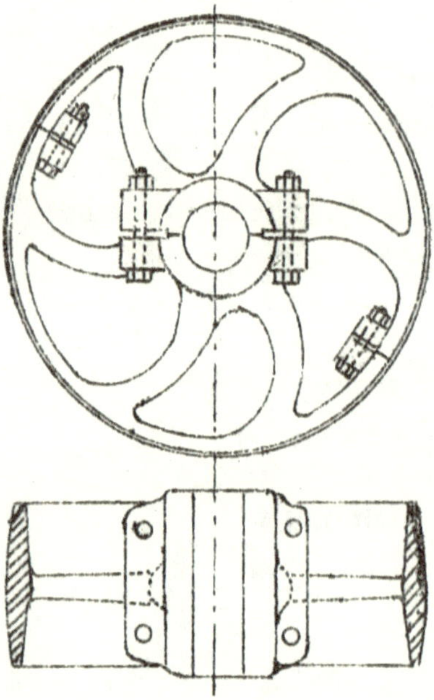

Fig. 113.

Les poulies des transmissions principales se font en deux pièces (fig. 113). Elles se coulent en une pièce, mais après les avoir tournées, on introduit des coins dans des vides ménagés à la fonderie et on sépare les deux pièces à coups de marteau.

Ces poulies se placent aisément sur les arbres, sans rien démonter, et le serrage des deux parties est suffisant pour se passer de clavetage. Les arbres ne sont pas détériorés et tout déplacement de machines est rendu facile.

Poulies en fer - Poulies en bois

On exécute aussi en deux parties des poulies avec moyeu en fonte, bras et jante en fer (fig. 114).

Ces poulies légères ne fatiguent pas les arbres et conviennent très bien pour la transmission de faibles efforts.

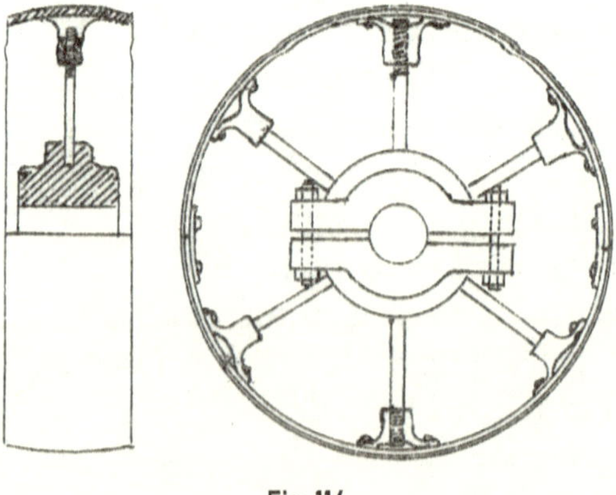

Fig. 114.

Depuis quelques années, on emploie aussi beaucoup des poulies en deux pièces, entièrement en bois (fig. 115).

Pour que la jante ne se déforme pas, on la fait avec des segments collés ayant leurs fibres croisés.

Les bras sont remplacés par deux traverses et le moyeu est formé de deux coussinets en bois, interchangeables. Ce dispositif permet de placer les poulies sur n'importe quel diamètre d'arbre.

Ces poulies ne nécessitent pas de clavetage ; elles sont légères et par suite économiques. L'adhérence de la courroie est plus grande que sur les poulies en fonte.

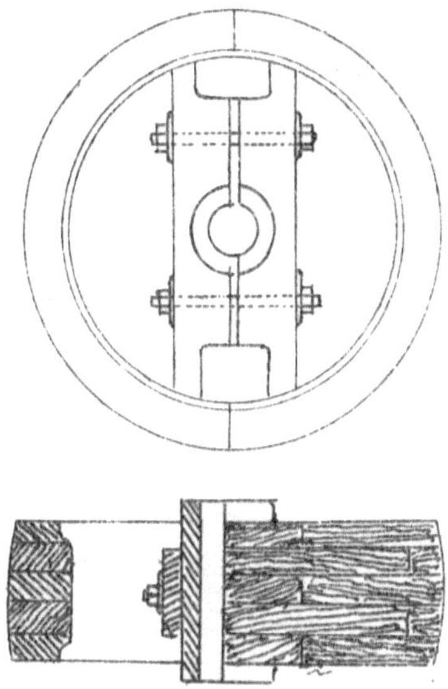

Fig. 115.

Poulies étagées

Pour faire varier la vitesse d'un outil, soit en raison des dimensions de la pièce, soit en raison de la nature du métal, on se sert d'un système de poulies étagées appelé *cône de transmission* (fig. 116).

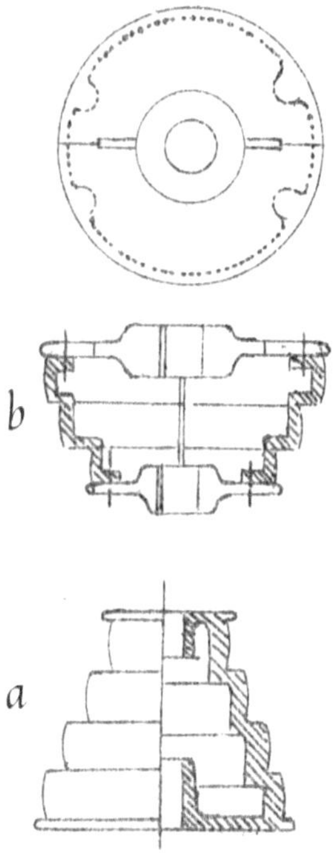

Fig. 116.tif

Sur l'arbre intermédiaire est claveté un cône dont les diamètres vont en augmentant; sur l'arbre de la machine, en regard du premier, se trouve un cône semblable, mais disposé en sens inverse (fig. 116).

La plus grande vitesse a lieu lorsque la courroie est placée comme l'indique la figure.

Les cônes de transmission sont généralement en une seule pièce (fig. 116 *a*). Cependant on en fait aussi en deux parties que l'on réunit par deux plateaux portant les moyeux (fig. 116 *b*).

L'emploi des poulies étagées exige un arrêt de la machine pour le changement de vitesse, et dans certaines industries, la nature du travail nécessite que ce changement ait lieu pendant la marche et d'une façon continue.

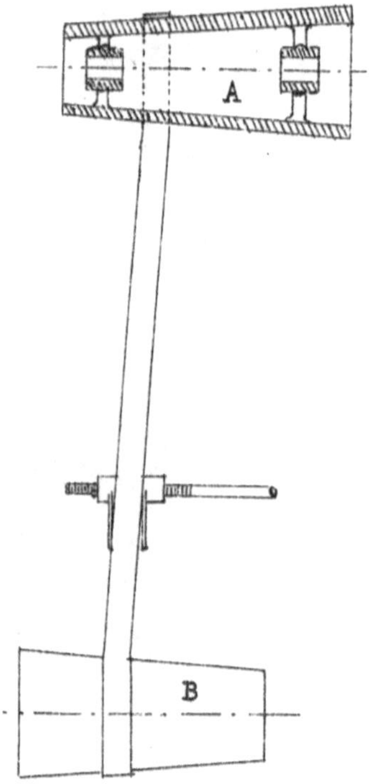

Fig. 117.

On a recours alors au dispositif représenté par la figure 117.

Un cône lisse A est claveté sur l'arbre moteur, un deuxième cône B est placé sur le récepteur, mais leurs génératrices sont inclinées en sens inverse. Une fourchette, commandée par une vis et un écrou, déplace graduellement la courroie, de manière à maintenir constante la vitesse circonférencielle du rouleau sur lequel s'enroule, par exemple, une bande de papier ou d'étoffe. Pour éviter que la courroie ne monte vers les grands diamètres des cônes, on dévie ces derniers comme l'indique la figure.

Volants

Le but des volants est d'emmagasiner du travail sous forme de puissance vive, et de le restituer aux machines au moment où elles faiblissent.

Un volant est un régulateur de marche indispensable aux moteurs et aux machines-outils qui travaillent par à-coups, comme les poinçonneuses, les cisailleuses, etc.

Les volants de petites dimensions se font en une pièce. Les grands volants des machines à vapeur se font en deux pièces assemblées par des boulons. Ils portent alors deux clavetages.

Les bras sont le plus souvent droits. Les bras courbés peuvent se tracer très simplement comme il suit.

En un point quelconque A (fig. 118), on mène une tangente à la circonférence représentant la nervure du moyeu. On porte l'épaisseur *m n* du bras de part et d'autre du point A, et l'on cherche sur la ligne AB, un point O tel que la circonférence décrite de ce point et passant par m soit tangente à la nervure du limbe. La circonférence passant par O et décrite du point G donne le centre des autres bras,

Pour avoir les courbes extérieures, il suffit de porter l'épaisseur des bras près de la jante, en son milieu, et près du moyeu.

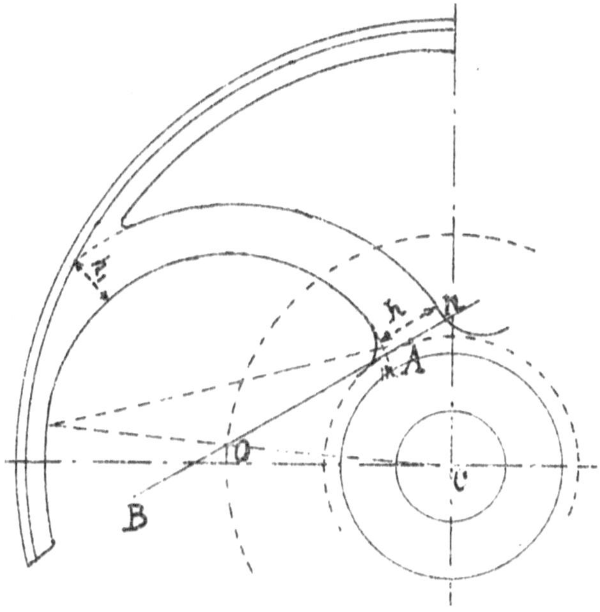

Fig. 118.

On obtient ainsi des bras tangents au limbe et perpendiculaires au moyeu, deux conditions nécessaires pour leur solidité.

On peut aussi employer le tracé indiqué par la figure 111.

Dans les machines à vapeur, les volants servent quelquefois de poulies motrices ou portent encore ces dernières boulonnées sur leurs bras.

R égale trois à cinq fois le rayon de la manivelle. La vitesse de la jante est souvent de dix à quinze mètres par seconde.

Le poids de la jante peut se déterminer par la formule :

$$P = 5\,000\,KC / n\,v^2 \times K'$$

C est le nombre de chevaux-vapeur ;

n le nombre de tours à la minute ;

v la vitesse circonférentielle ;

K est un coefficient égal à 30 pour les machines des ateliers mécaniques et à 100 pour les industries exigeant une grande régularité de marche ;

K' varie avec le degré de détente. Ce coefficient égale 1 pour une détente aux $\frac{9}{10}$ et 2,45 pour une au $\frac{1}{15}$.

Clavetages des poulies et volants

Pour fixer les poulies sur les arbres, on emploie des clavettes dites de calage (fig. 119).

La clavette conique (fig *a*) munie d'une tête qui sert à l'enfoncer, est la plus employée.

Elle est ajustée dans une rainure pratiquée, moitié sur l'arbre, moitié dans le moyeu. Dans celui-ci, la rainure doit avoir la même inclinaison que la clavette pour qu'elle porte bien sur toute sa longueur et qu'elle ne donne pas de gauche à la roue. Les clavetages doivent toujours se trouver en regard des bras.

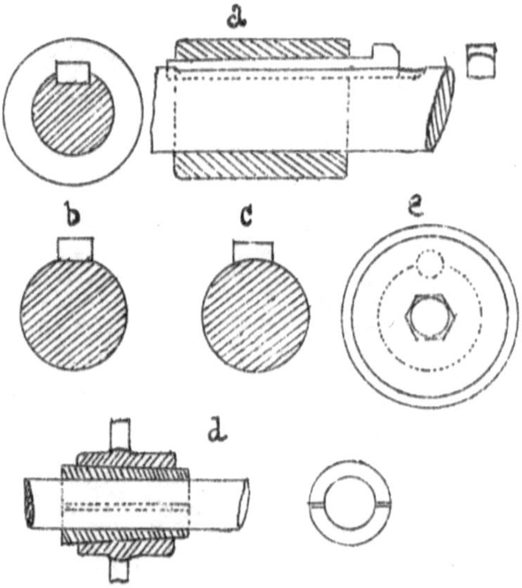

Fig. 119.

Pour les faibles efforts, on fait simplement un plat sur l'arbre (fig. *b*), ce qui simplifie l'ajustage. On peut aussi se contenter d'une clavette creuse (fig. *c*).

Le dispositif de la figure *d* convient pour de petits appareils.

Pour des efforts moyens, les clavettes se remplacent aussi par deux demi-bagues coniques extérieurement (fig. *e*).

Pour les roues dentées qui doivent être fréquemment changées, comme celles de la lyre d'un tour à fileter par exemple, les clavettes doivent être fixées à demeure sur les arbres. Elles prennent alors le nom de prisonnier.

Pour assujettir un prisonnier, on peut procéder de deux manières (fig. 120) :

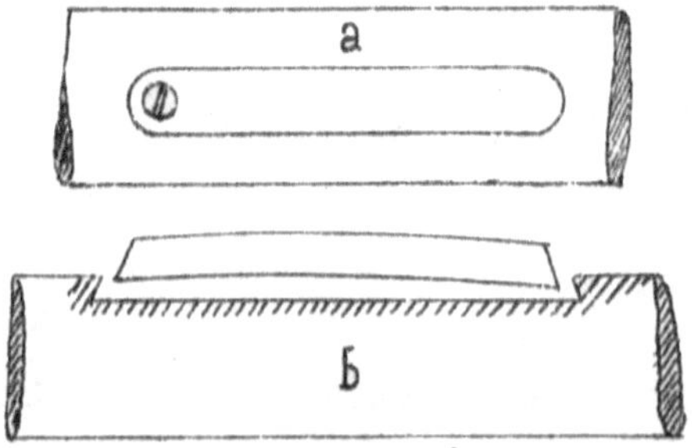

Fig. 120.

1. - Pratiquer une entaille à la fraise et fixer le prisonnier au moyen d'une petite vis (fig. *a*) ;

2. - Faire une queue d'hironde au bédane et rabattre les bords au matoir(fig. *b*).

Le premier procédé est préférable, il ne risque pas de fausser les arbres.

Transmissions par courroies se guidant elles-mêmes et transmissions avec poulies guides

Les courroies peuvent unir deux poulies en suivant la direction des tangentes intérieures. Elles sont dites ouvertes et les deux poulies tournent dans le même sens. Si, au contraire, les deux brins ont la direction des tangentes intérieures, les courroies sont dites croisées, et les deux poulies tournent en sens inverse (fig. 121).

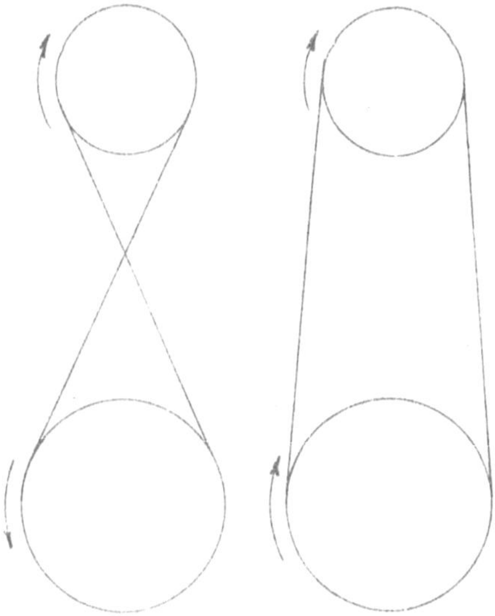

Fig. 121.

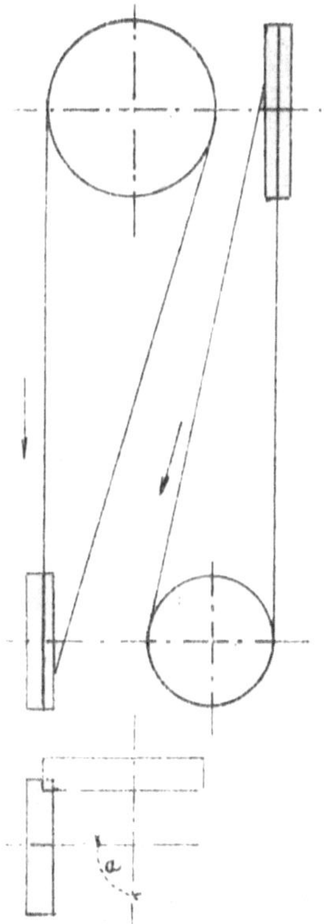

Fig. 122.

Nous supposons, comme c'est le cas ordinairement, que les arbres sont parallèles, mais ils peuvent aussi se croiser sans se couper, et une courroie pourra les unir pourvu que la condition suivante soit remplie :

Pour que la courroie ne tombe pas, il faut (fig. 122) que le point où elle quitte chaque poulie soit dans le plan passant par le milieu de l'autre poulie.

La courroie ne peut marcher que dans un seul sens.

La figure 122 représente deux arbres placés à angle droit, parce que c'est le cas le plus général, mais l'angle *a* peut varier de 0 à 90° ; pourvu que

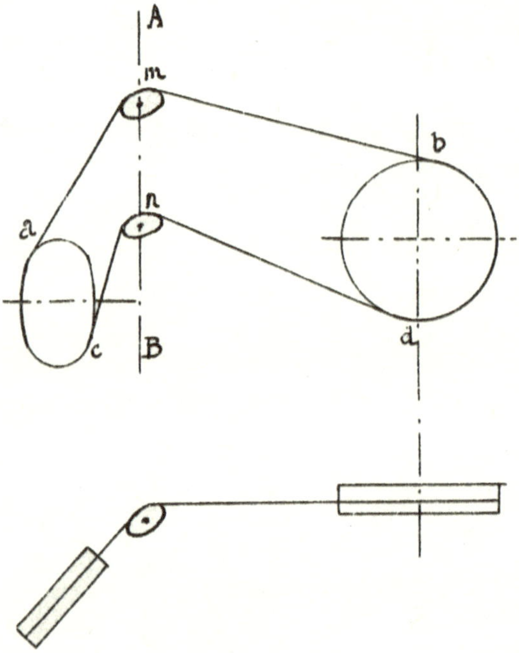

Fig. 123.

la condition indiquée ci-dessus soit remplie, la courroie ne tombe pas. Dans le cas contraire, on peut tout de même transmettre le mouvement à l'aide d'une courroie, mais il faut alors employer des poulies guides.

On dispose ces dernières de la façon suivante (fig. 123).

Après avoir déterminé l'intersection AB des plans moyens des deux poulies, on mène des tangentes à ces dernières par deux points *m* et *n* pris sur AB. Les deux lignes *m a*, *m b* déterminent un plan, de même les deux lignes *n c*, *n d* : ce sont les plans moyens des poulies guides et les deux points choisis sont les points d'enroulement de la courroie.

Dans ce cas, le mouvement peut avoir lieu dans les deux sens.

La figure 124 représente une disposition de poulies guides déterminées comme il vient d'être dit.

Cette disposition permet d'unir par courroie deux arbres parallèles, dont les poulies de commande ne remplissent pas la condition générale.

Dans les machines à fraiser, on rencontre souvent le dispositif de la figure 125.

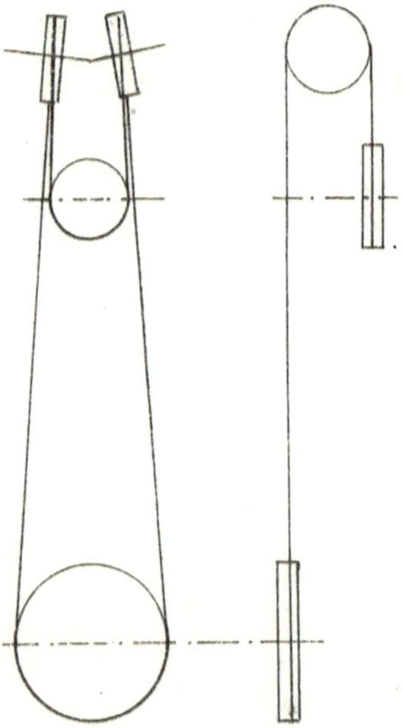

Fig. 124.

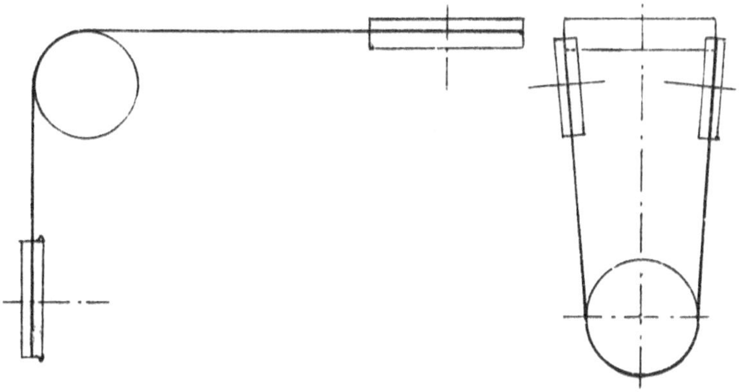

Fig. 125.

Pour maintenir les courroies, on munit quelquefois les poulies de rebords.

On peut aussi monter les poulies guides sur des axes articulés qui permettent la transmission du mouvement dans n'importe quel cas.

Chapitre X

Engrenages

Les courbes employées, comme profils des dents d'engrenages, doivent satisfaire à la fois à des conditions théoriques et pratiques. Sans entrer dans aucune considération théorique, nous indiquons ci-après les tracés les plus fréquemment employés dans l'industrie :

Engrenages cylindriques

1 - Tracé par épicycloïdes. — Étant donné le rapport des vitesses V/V' des deux roues, on trace les *circonférences primitives* O et O' de ces roues (fig. 126). Les rayons de ces deux circonférences sont dans le rapport inverse des vitesses. A partir du point de contact C, on porte sur ces circonférences, à droite et à gauche de la ligne des centres, un certain nombre de divisions égales au pas. Le pas se compose d'un plein et d'un creux. Le plein, ou l'épaisseur de la dent mesurée sur la primitive, se déduit de l'effort à transmettre. (Voir les formules).

On trace ensuite les circonférences d'évidement, celles qui limitent le fond des dents, et celles d'*échanfrinement* qui limitent les dents extérieurement. Pour cela on applique des formules qui donnent la hauteur *m n* des faces et celle *r s* des flancs, en fonction de l'épaisseur de la dent.

On prend alors une circonférence auxiliaire O'1 quelconque. En la faisant rouler à l'intérieur de la primitive de la roue, le point de contact C décrira une hypocycloïde qui servira de flanc aux dents de la roue. Cette même circonférence roulant à l'extérieur de la primitive du

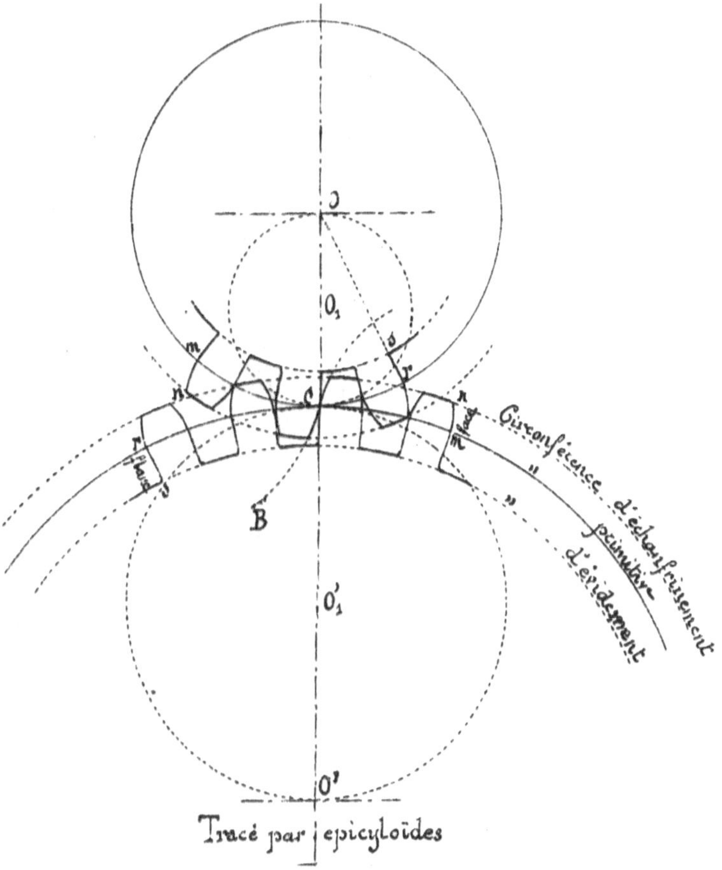

Fig. 126.

pignon, le point C décrira une épicycloïde C B qui sera la face des dents du pignon. Le flanc d'une roue et la face de l'autre étant en contact pendant la rotation sont dits *profils conjugués*.

Avec une circonférence auxiliaire O1 quelconque, que l'on fera rouler successivement, à l'intérieur du pignon et à l'extérieur de la roue, on décrira deux courbes qui serviront, l'une de flanc aux dents du pignon, l'autre de face aux dents de la roue.

Dans le but de simplifier le tracé, au lieu de prendre les circonférences roulantes O1 et O'1 arbitraires, on les prend d'un diamètre égal au rayon de chaque circonférence primitive. — D'après un théorème de géométrie, nous savons que lorsqu'une circonférence roule à l'intérieur d'une autre de rayon double, un point C de la première décrit un diamètre. Les flancs seront donc droits et convergeront vers le centre. Il suffira alors de tracer les épicycloïdes servant de faces. Enfin, on cherche un point d'où l'on puisse tracer un arc de cercle se confondant sensiblement avec la partie utile, c'est-à-dire avec la naissance de l'épicycloïde. On reporte cet arc de cercle en chacun des points de division de la primitive.

Remarques. — Les dents tracées en forme d'épicycloïdes sont celles que la pratique a généralement adoptées. Le tracé est compliqué si les auxiliaires ne sont pas la moitié des primitives, mais il est bien simplifié lorsque les flancs sont droits. Dans ce dernier cas, les dents sont plus petites à leur naissance que sur la primitive et leur résistance est diminuée.

D'une façon générale, on conçoit que les profils dépendent des

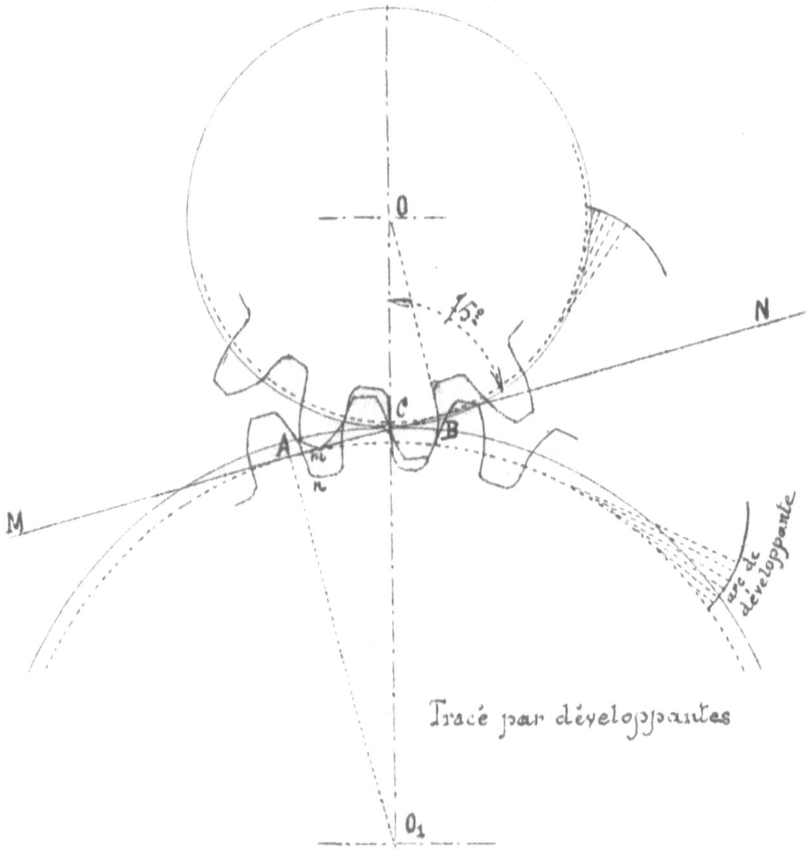

Fig. 127.

diamètres des circonférences auxiliaires, et que les roues ne soient pas interchangeables. Par suite, elles ne sauraient convenir pour un tour à fileter. Toutefois, pour les rendre interchangeables, il suffirait de choisir pour toute la série une circonférence auxiliaire constante, d'un diamètre égal au rayon de la plus petite des roues. On aurait alors des roues dites d'assortiment.

2 - Tracé par développantes de cercle (fig. 127) - Après avoir tracé les deux circonférences primitives O et Oi, on mène par le point de contact C, une droite M N faisant 75° avec la ligne des centres. Des points O et O1 , on mène des circonférences tangentes à M N. En un point quelconque de ces circonférences, on dessine un arc de développante. Cet arc sert de profil aux dents.

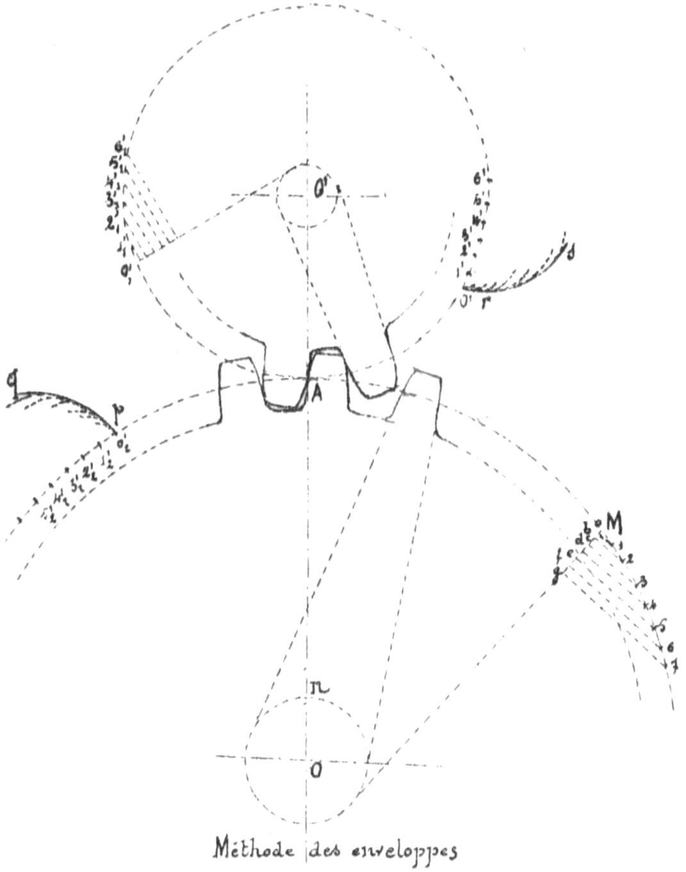

Fig. 128.

Les circonférences d'évidement se trouvant au-dessous de ces auxiliaires, la dent s'achève en prolongeant l'arc de développante par une partie radiale *m n*, que l'on raccorde à sa naissance par un petit congé.

Remarques. — Une roue tracée par développante peut conduire des roues de diamètres différents. Si la distance des axes est altérée par suite de l'usure des coussinets, l'engrenage à développante reste exact.

Méthode des enveloppes - Tracé employé à l'usine du Creusot et à Fives-Lille. (Fig. 128). Dans ce tracé, le flanc est une ligne droite, dont l'inclinaison est donnée par une tangente à une circonférence auxiliaire de rayon On = OA/6 ou OA/10, suivant les établissements.

D'un point M quelconque, pris sur la primitive de la roue, on

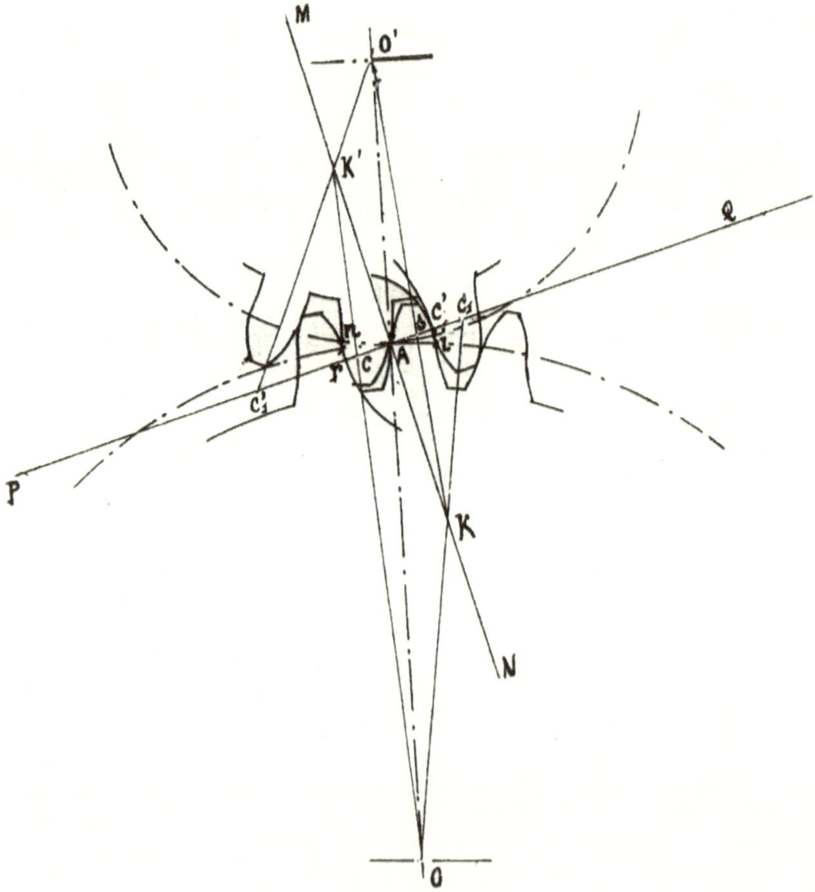

Fig. 129.

porte des arcs égaux 0.1, 1.2, 2.3,... On reporte ces mêmes arcs sur la circonférence primitive du pignon en 0'1', 1'2', 2'3'... par exemple.

Au point M, on mène un flanc de la roue et des points 1, 2, 3, 4.... on abaisse des perpendiculaires sur cette ligne ; soient 1 *b*, 2 *c*, 3 *d*, 4 *c*... ces perpendiculaires. En les prenant respectivement comme rayons, on décrit des points 0', 1', 2'... des arcs de cercle. La courbe *r s*, tangente à tous ces arcs, servira de face aux dents du pignon.

En opérant de même sur un flanc du pignon, on obtient la courbe *p q*, face des dents de la roue.

3 - Tracés par arcs de cercle. — Il existe un grand nombre de procédés plus ou moins exacts pour tracer les profils des dents à l'aide de un ou plusieurs arcs de cercle. Avec un peu d habitude, on emploiera de préférence les méthodes indiquées ci-dessus.

Cependant nous croyons devoir indiquer le tracé Willis, par deux arcs de cercle, comme étant le plus répandu et le plus exact des tracés par arcs.

Tracé willis (fig. 129). — Par le point de contact A, mener P Q faisant 75° avec la ligne des centres et M N perpendiculaire à P Q.

Porter sur cette perpendiculaire deux longueurs égales, mais arbitraires, A K = A K'.

Joindre O K, O K', O' K, O' K'. Ces lignes coupent la sécante aux points C1, C, C', C'1 ... Les primitives portant les divisions des dents, les centres des profils seront les suivants :

C1	centre des flancs de la roue O	—	rayon C1 *r*
C'	centre des faces du pignon O'	—	rayon C' *n*
C	centre des faces de la roue O	—	rayon C *i*
C'1	centre des flancs du pignon O	—	rayon C'1 *s*

DÉTAILS PRATIQUES SUR LES ENGRENAGES. — FORMULES.

1. - L'épaisseur *e* de la dent sur la circonférence primitive, est calculée par la formule $e = K\sqrt{P}$. Le coefficient K égale 0,105 pour dents en fer ou en fonte — 0,131 pour dents en bronze — 0,145 pour dents en bois — P est l'effort à transmettre, en kilogrammes.

2. - On laisse un jeu entre les dents sur la circonférence primitive. Pour les roues employées brutes de fonderie, le pas $p = e + 1{,}10\,e$. Pour les dents taillées à la machine, le jeu doit être nul.

3. - La hauteur des dents est généralement $h = 1{,}5\ e$. Hauteur m du flanc : $^{53}/_{100}\ h$. — Hauteur n de la face : $^{47}/_{100}$ h

Un jeu est ainsi ménagé dans le fond des dents.

4. - La largeur des dents, parallèlement à l'axe de rotation, varie suivant l'effort à transmettre, ou suivant la vitesse des roues :

$l = 4$ à 5 fois e pour 2,000 kilos et au-dessus.

$l = 6$ fois e au dessus de 5,000 kilos.

Par rapport à la vitesse :

$l = 4\ e$ pour V = 1,50 m par seconde ;

$l = 5\ e$ » V = 1,50 à 2 mètres ;

$l = 6\ e$ » V = 2 m et au-dessus.

5. - L'épaisseur de la jante est généralement $j = 1{,}2\ e$.

Les bras ont quelquefois une section ovale, mais sont le plus souvent à nervures (fig. 130), L = L'. L' près de la jante égale 4 e. Le cône de dépouille des bras est de 5 à 7 millimètres par décimètre.

Le nombre des bras est généralement 4 pour les petites roues ; 6 pour les moyennes ; 8 à 10 pour les grandes. Les petits pignons n'ont pas de bras, ils sont simplement évidés en leur milieu.

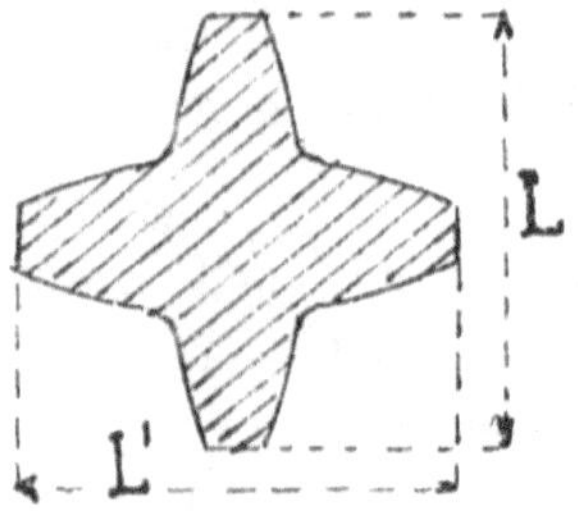

Fig. 130.

Engrenages intérieurs

Tracés pratiques (fig. 131). — Quand la distance des axes est trop petite par rapport au nombre de tours, et surtout quand on veut que le sens de la rotation des deux roues soit le même, la petite roue est placée à l'intérieur de la grande.

Au point de vue géométrique, toute la théorie des engrenages extérieurs convient aux engrenages intérieurs, mais son application est soumise à certaines exceptions.

La solution la plus pratique est indiquée par la figure 131. Le tracé est par épicycloïdes. Les dents du pignon n'ont que des flancs, celles de la roue n'ont que des faces. Pour éviter que les flancs soient à arêtes vives, ils sont augmentés de quelques millimètres et raccordés par des arcs de cercle.

On pourrait aussi prendre une deuxième circonférence roulante O3 quelconque, et en la faisant tourner sur les deux primitives, elle donnerait des flancs m r à la roue et des faces m n aux dents du pignon.

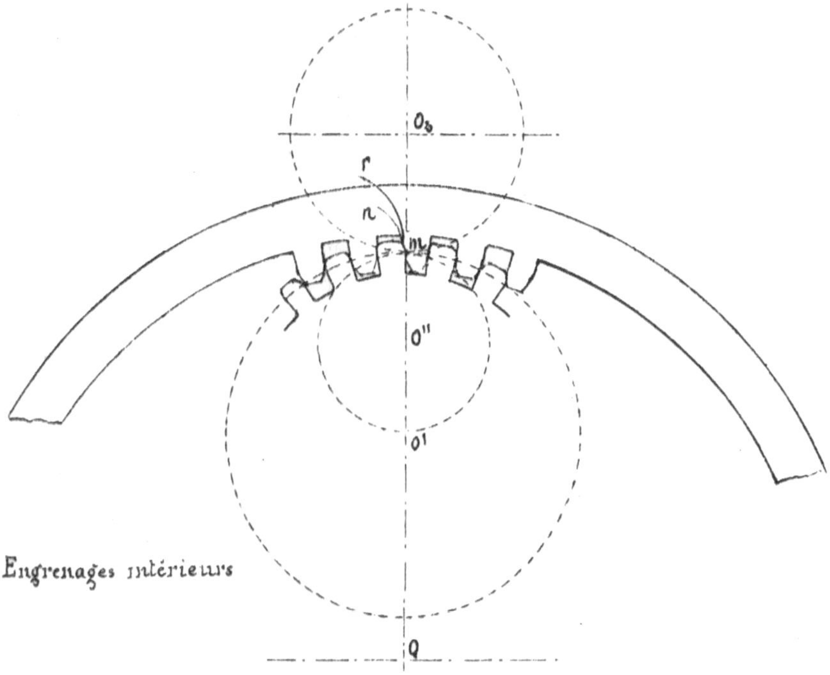

Fig. 131.

Crémaillères et roues dentées

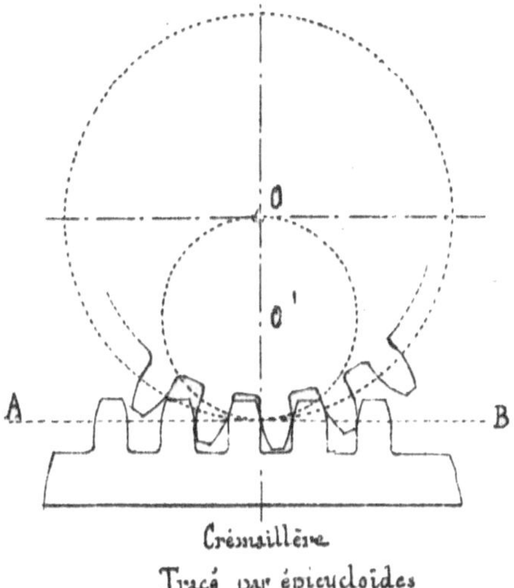

Fig. 132.

La crémaillère peut être considérée comme une roue dentée de rayon infiniment grand, de sorte que les solutions données pour les engrenages cylindriques s'appliquent aux crémaillères.

La figure 132 représente un tracé par épicycloïdes. La circonférence O' roulant à l'intérieur du pignon décrit des flancs droits convergeant au centre. Cette circonférence, roulant sur A B, décrit une cycloïde, qui est la face des dents de la crémaillère. La circonférence roulante prise à l'intérieur de la roue est elle-même infiniment grande, et devient une ligne droite A B qui, roulant sur la primitive du pignon, décrit une développante de cercle, face des dents du pignon. Quant aux flancs des dents de la roue, ce sont aussi des lignes droites convergeant au centre, mais comme le centre est à l'infini, ces flancs sont parallèles entre eux et perpendiculaires à A B.

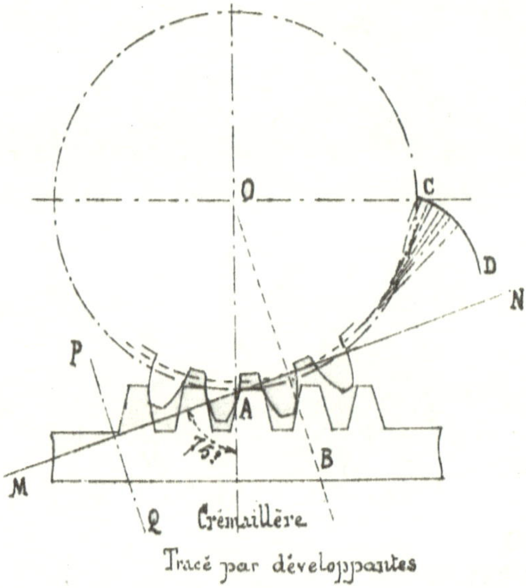

Fig. 133.

La figure 133 représente un tracé de crémaillère par développantes. Du point de contact A, on trace M N faisant 75° avec la ligne des centres, et on décrit du point O une circonférence auxiliaire tangente à M N. L'arc de développante C D fournit le profil des dents du pignon. La circonférence que l'on mènerait tangente à M N du centre de la roue, étant infiniment grande, se confond avec M N, et la développante est une droite P Q normale à cette ligne. Les dents de la crémaillère seront donc des droites, également inclinées, et dont la direction sera celle de la perpendiculaire P Q.

Chapitre XI

Engrenages coniques - Roues hélicoïdales - Vis sans fin et roues dentées

Engrenages coniques

Les engrenages coniques (fig. 134) sont des portions de cônes se touchant suivant une génératrice O A, et ayant le sommet O commun. A part ces deux cônes principaux, il existe deux cônes de tête intérieurs S_1 et S'_1 et deux cônes de tête extérieurs S et S'. Les deux premiers portent les petits profils des dents, les deux autres les grands profils.

Tout le tracé des engrenages consiste à développer les cônes de tête sur un plan, de manière à ce qu'on puisse tracer les profils en vraie grandeur. L'épure est alors suffisante pour l'atelier, mais on peut achever le dessin à l'aide de lignes de rappel.

Soient O B et O C deux axes faisant entre eux un angle quelconque. Pour établir des roues transmettant le mouvement dans le rapport ½ par exemple, on élève *m n* égale 1 centimètre, puis sur O B une perpendiculaire *r s* égale à deux centimètres, on mène *n t* parallèle à OC, *s t* parallèle à O B, leur intersection *t* détermine avec le sommet O, la génératrice de contact O A.

Connaissant la hauteur *a b* de la dent, il est facile d'établir à l'endroit convenable les deux cônes principaux. En *a* et en *b* on élève des perpendiculaires sur la génératrice commune, et l'on détermine ainsi les 4 sommets S, S_1 , S', S'_1 des cônes de tête.

Pour développer ces cônes, on décrit de leurs sommets, des circonférences *a x, a y, bu, bv*, avec leurs génératrices. Au point *b*, on

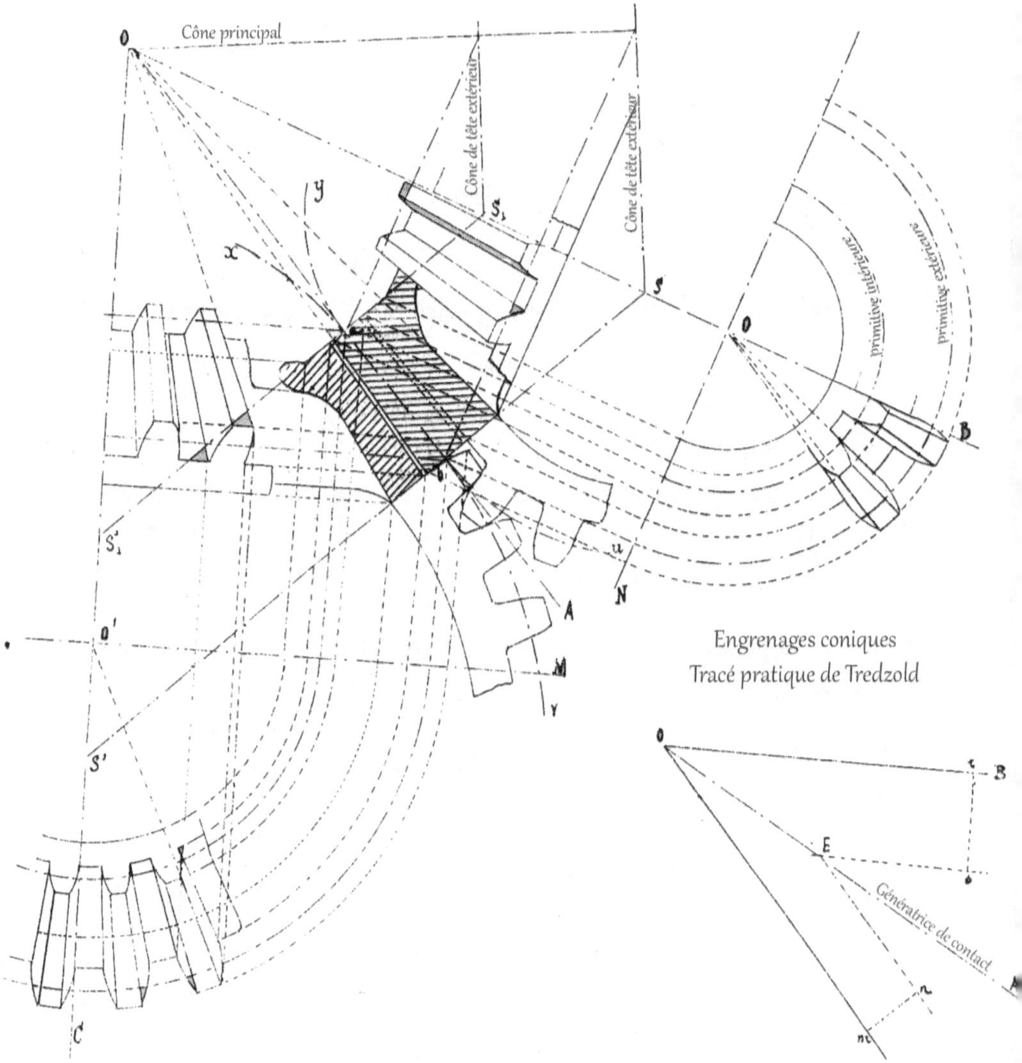

Cône principal
Cône de tête extérieur
Cône de tête extérieur
primitive intérieure
primitive extérieure
Engrenages coniques
Tracé pratique de Tredzold
Génératrice de contact

Fig. 134.

trace par un procédé quelconque les profils extérieurs, qui auront pour primitives *bu, bv.* Les profils intérieurs se tracent au point *a*. On peut s'en tenir là ou construire les projections obliques des dents, comme l'indique l'épure.

Remarque. — On peut aussi transmettre le mouvement entre deux arbres qui se croisent sans se couper (fig. 135). Les corps primitifs des roues deviennent des hyperboloïdes de révolution. Les engrenages sont dits hyperboliques. Ils sont peu employés en raison des difficultés que présente leur exécution.

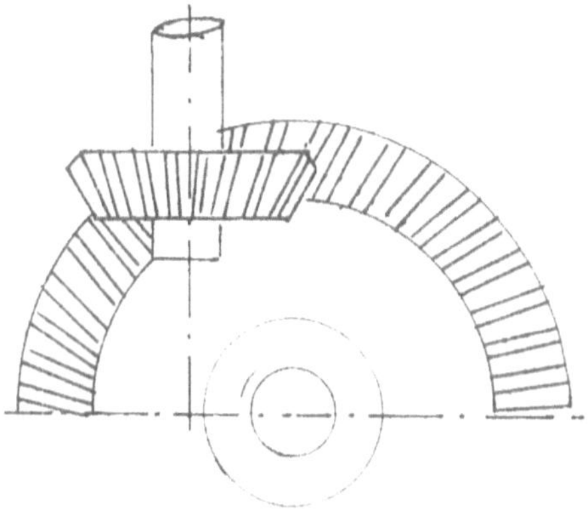

Fig. 135.

Roues cylindriques à dents hélicoïdales

Ce sont des roues cylindriques dont les arêtes des dents, au lieu d'être des génératrices du cylindre, sont inclinées suivant des hélices, à la façon des filets d'une vis. (fig. 136).

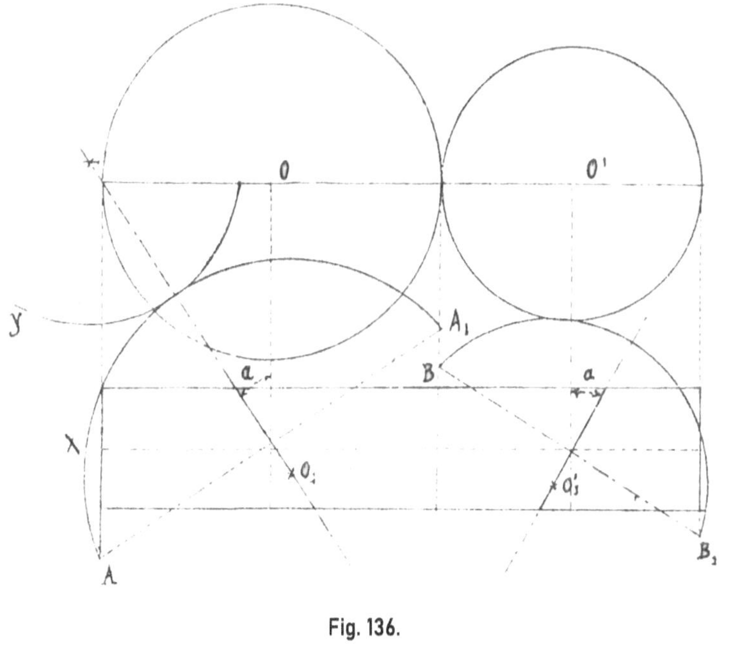

Fig. 136.

Ces engrenages, dits de précision, sont employés dans les machines de construction soignée. Ils diminuent considérablement le frottement, mais ne conviennent que pour la transmission de faibles efforts ou d'efforts moyens.

Si les deux roues ont leurs dents inclinées dans le même sens, elles engrènent à angle droit. Pour que les axes soient parallèles, les dents doivent ête inclinées en sens contraire.

Soient O et O' les deux circonférences primitives. Représentons par *a*, l'angle de la tangente à l'hélice et de la génératrice du cylindre. Comme les dents viennent rencontrer obliquement les faces de la roue, il est nécessaire de connaître les sections droites des filets servant de dents. Pour cela, on coupe les deux cylindres primitifs par des plans perpendiculaires à la tangente à l'hélice. Les sections obliques des cylindres sont des ellipses, dont les grands axes sont les traces AA_1, BB_1, et les petits axes, les diamètres des circonférences primitives.

Ces ellipses construites, on cherche les circonférences se rapprochant le plus de la partie voisine des petits axes. Soient O_1, O'_1 les centres de ces circonférences. Après avoir porté leurs rayons dans le prolongement l'un de l'autre, on décrit les primitives X et Y. Les profils des dents se tracent par un procédé quelconque, et on a alors tous les éléments nécessaires pour construire les roues.

Sur les faces de la roue, les dents ont une section *e'* différente de la section droite. On calcule *e'* par la formule ordinaire, en fonction de l'effort P. Le pas provisoire sera 2, 1 *e'*. En divisant les primitives par *e'* on aura les nombres de dents. Les faces et les flancs se calculent par rapport à *e*.

Pour avoir l'angle a de la tangente à l'hélice avec la génératrice du cylindre, il suffit de connaître le pas que déterminerait l'hélice de la dent si elle était continuée. Ce pas égale celui de la section droite du cylindre multiplié par le nombre de dents.

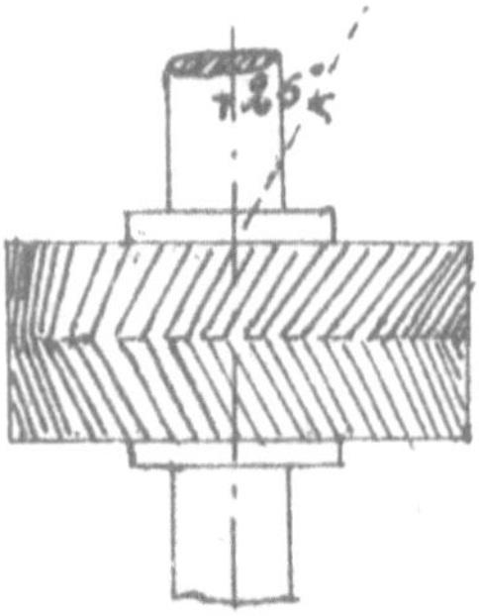

Fig. 137.

Remarque. Les roues à dents hélicoïdes sont soumises à une poussée longitudinale, qui tend à les déclaveter lorsque l'effort à transmettre est considérable. Dans ce cas, il convient d'employer des engrenages à chevrons (fig. 137), formés en quelque sorte de deux roues juxtaposées, semblables aux précédentes, mais ayant leurs hélices inclinées en sens contraire. L'inclinaison des hélices est généralement de 25°. Ces engrenages sont fréquemment employés dans les laminoirs.

Engrenage d'une vis sans fin et d'une roue dentée

La vis représentée par la figure 138 est dite sans fin, parce qu'elle peut tourner indéfiniment dans le même sens en menant la roue, ce qui n'aurait pas lieu avec un écrou.

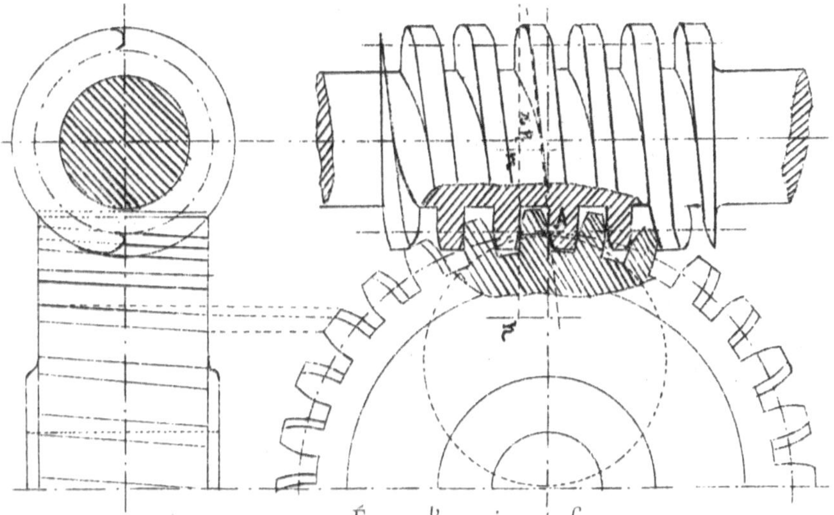

Épure d'une vis sans fin.

Fig. 138.

L'axe de la vis pourrait faire avec celui de la roue un angle quelconque, nous supposerons, comme c'est le cas le plus ordinaire, que cet angle est de 90°, et que la vis est à un seul filet.

Si on coupe le système par un plan passant par l'axe de la vis et le milieu de la roue, la section de la vis sera celle d'une double crémaillère et celle de la roue sera semblable à l'une des faces extérieures.

Tout consiste donc, après avoir tracé les primitives, d'exécuter en A le tracé d'un pignon et d'une crémaillère. On aura ainsi les éléments nécessaires pour achever le dessin.

On dessine à part un filet de la vis, et on le reporte à l'aide d'un gabarit. Les dents de la roue seront hélicoïdales, et leur inclinaison sera donnée par la tangente à l'hélice de la vis. Pour la trouver, on construit un triangle rectangle dont les côtés de l'angle droit sont, l'un la moitié du pas, et l'autre la moitié du développement de la base du cylindre ou π R ; l'hypoténuse est l'inclinaison demandée.

De part et d'autre de l'axe, en *m* et *n*, on porte la moitié de l'épaisseur de la roue. On voit alors quelles sont les déviations des profils extérieurs par rapport à celui du milieu, et on peut achever l'épure, en remarquant que les profils extérieurs sont absolument semblables à celui du milieu, puisqu'ils sont déterminés par des plans parallèles.

Des lignes de rappel permettent de tracer les autres projections. Cet engrenage est dit de précision ; le contact n'a lieu qu'en un seul point.

Remarques. — 1° L'engrenage précédent n'est pas réciproque, c'est-à-dire qu'on ne peut pas commander par la roue, à cause des nombreux frottements.

Si on veut réaliser cette condition, il faut que l'inclinaison des filets de la vis diffère peu de 45°. On est conduit alors à une vis à plusieurs filets. L'épure est la même, mais cette vis, en bout, a l'aspect d'un pignon, et il est nécessaire que le pas de la roue soit égal à celui de la crémaillère et aussi à celui obtenu en coupant la vis par un plan perpendiculaire à son axe, c'est-à-dire au pas du pignon.

2° Pour augmenter le contact de la vis et de la roue, le pourtour de cette dernière affecte quelquefois la forme d'une gorge, dans laquelle sont pratiquées des entailles embrassant les filets de la vis. Cet engrenage prend le nom de *vis tangente* ou *engrenage de force*.

Épure de la vis tangente (fig. 139)

On opère comme il a été dit pour l'épure précédente, en coupant la vis et la roue par un plan médian. On exécute ensuite, généralement par développantes, le tracé du pignon et de la crémaillère. L'inclinaison des dents se détermine par le tracé de la tangente à l'hélice.

L'épure s'achève à l'aide de lignes de rappel, mais il vaut mieux, en raison des difficultés, s'en tenir au tracé de la crémaillère et de la roue. Le plan médian seul donne des profils ayant la propriété de symétrie. Pour éviter que la roue ait des angles trop aigus, on la coupe sur les bords par des surfaces à 45°.

Remarque. — L'engrenage de la vis sans fin peut se transformer en un engrenage de deux roues à dents hélicoïdales et à axes rectangulaires. Il suffit d'augmenter le rayon de la vis et de réduire sa largeur. Généralement

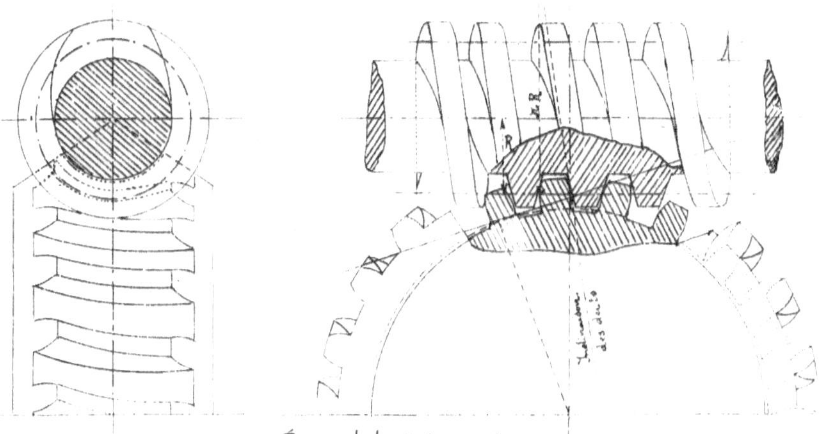

Épure de la vis tangente

Fig. 139.

ces roues ont des diamètres égaux et l'inclinaison de la tangente à l'hélice est de 45°. Cette inclinaison est la même sur les deux roues.

Vis globiques

Pour augmenter le nombre de filets en prise, dans les vis sans fin, on construit des vis globiques (fig. 140).

La taille des dents de la vis se fait sur le tour, à l'aide d'un support à chariot, tournant autour d'un point fixe. Ce dispositif est remarquable Comme engrenage de force.

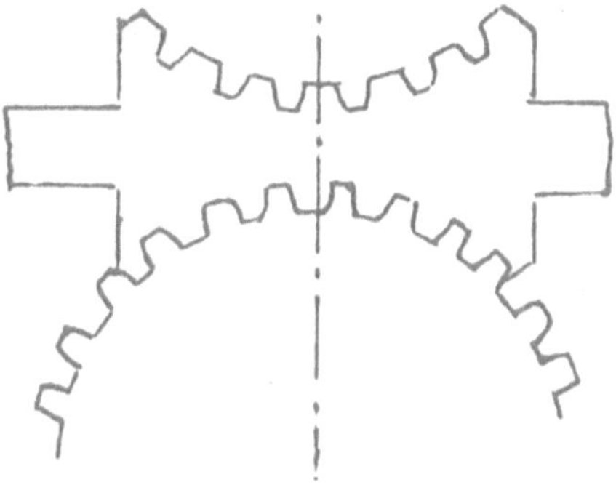

Fig. 140.

Roues à alluchons

Afin de diminuer le bruit occasionné par les engrenages d'un grand diamètre et adoucir aussi le mouvement, les couronnes en fonte des roues portent des trous rectangulaires dans lesquels on enchâsse de force des dents en bois ou alluchons (fig. 141). Des goupilles maintiennent les dents contre la couronne.

Ces dents se font en gaïac, en poirier ou en cormier. Leur épaisseur à la circonférence primitive est donnée par la formule :

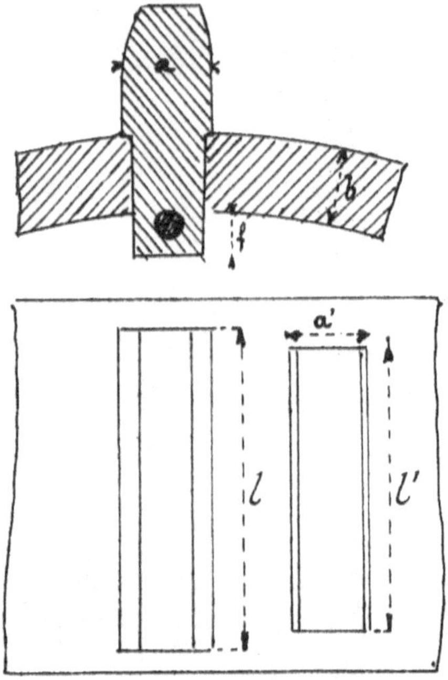

Fig. 141.

$a = 1{,}4\,e$

e représente l'épaisseur d'une dent en fonte qui supporterait le même effort.

La largeur *a'* du trou où la dent est encastrée est : *a'* = *a* - 4 mm.

L'épaisseur de la jante en fonte, *b* = 2,4 *a*.

La longueur des dents, *l* = 5 *a*.

La longueur du trou, *l'* = 5 *a* - 2 à 4 centimètres.

La saillie intérieure, *f* = *a*.

Les alluchons s'appliquent aussi aux roues coniques.

L'une des roues a des dents en fonte, l'autre des dents en bois.

Chapitre XII

Construction des engrenages.

Beaucoup d'engrenages sont employés bruts de fonderie. La maison Piat, à Paris, exécute tous les types avec beaucoup de précision : roues hélicoïdales, vis sans fin, roues à chevrons, etc. Un catalogue très complet donne une idée de l'importance des travaux de cette maison.

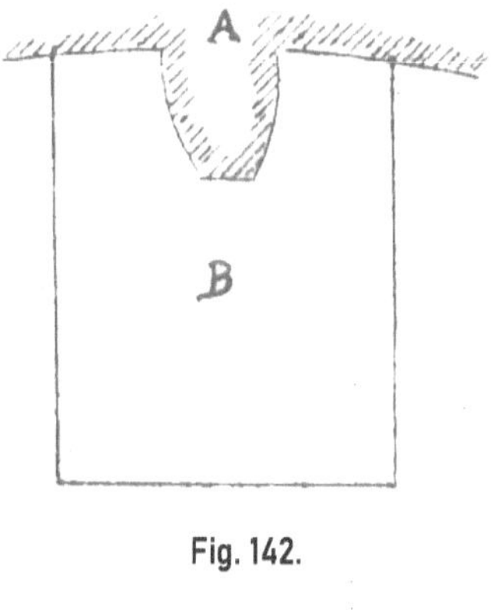

Fig. 142.

Pour des machines de construction soignée, les engrenages sont taillés comme nous allons l'indiquer.

Roues cylindriques droites. — Après avoir dessiné l'épure avec beaucoup d'exactitude, on fait un gabarit en tôle A, correspondant au vide des dents (fig. 142). Puis, avec un deuxième gabarit B, ajusté sur le premier, on tourne une petite rondelle en acier fondu. Cette rondelle est ensuite taillée en forme de fraise à une machine spéciale, ou à défaut, à une machine à fraiser ordinaire, elle est enfin trempée.

Le disque à tailler est monté entre pointes, sur le tablier d'une machine à fraiser. Un appareil diviseur est placé sur l'axe.

Roues coniques. — Ces roues exigent, pour être taillées, des machines spéciales d'invention récente. Les profils des dents vont en effet en diminuant, de l'extérieur à l'intérieur, et on conçoit que les creux ne peuvent être taillés par un outil dont la forme est invariable. On exécute les dents en plusieurs fois. Néanmoins, dans les petits ateliers, on peut tailler une roue conique par le procédé suivant : le tronc de cône une fois tourné est monté sur une équerre fixée sur le tablier d'un étau limeur. Avec un outil ayant la forme exacte du petit profil, on ébauche les creux. Avec un deuxième outil ayant la forme du profil extérieur, on vient toucher les entailles faites précédemment. Les dents s'achèvent à la lime.

Roues hélicoïdales. — On fait une fraise comme il a été indiqué précédemment. Cette fraise doit correspondre à la section droite de la dent, et avoir le plus petit diamètre possible. Ces roues se taillent sur le tour ou sur la fraiseuse, mais il faut que ces machines soient munies de dispositifs spéciaux permettant de donner à la fraise une certaine inclinaison par rapport à la roue ; celle-ci est animée d'un mouvement de rotation pendant la taille.

Vis sans fin. — Si la vis est à un filet ou même à plusieurs filets, pourvu que le pas ne soit pas trop rapide, on l'exécute sur le tour, en défonçant avec un outil ordinaire, et en achevant avec un outil de forme.

Si les roues à fileter du tour parallèle ne permettent pas d'exécuter une vis à plusieurs filets, on procède avec une fraise, comme pour les roues hélicoïdales.

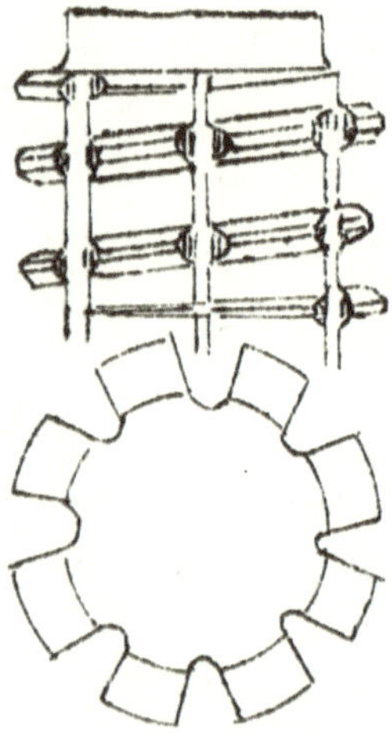

Fig. 143.

Roues à gorge pour vis sans fin. — La roue étant tournée et sa gorge divisée en parties égales, on pratique au bédane des entailles se rapprochant le plus possible de la forme des dents. On exécute, en acier fondu, une vis absolument semblable à celle qui doit aller avec la roue. Cette vis est taillée en forme de fraise (fig. 143), puis trempée.

La fraise ainsi faite est placée entre les pointes du tour, la roue est montée sur un axe vertical supporté par le chariot.

En tournant, la vis entraîne la roue, tout en formant le creux des dents. On fait avancer la roue graduellement, et lorsque les dents ont la profondeur nécessaire, il ne reste plus qu'à corriger les imperfections, pour substituer la vraie vis à la fraise.

Cet engrenage peut aussi s'exécuter avec une fraise de forme.

Chapitre XIII

Bielles

Les bielles sont des organes qui servent, dans les moteurs, à transformer, avec l'aide des manivelles, le mouvement rectiligne alternatif des pistons, en un mouvement circulaire continu des arbres de couche.

Le mécanisme bielle et manivelle que l'on rencontre dans beaucoup de machines peut opérer la transformation inverse de la précédente.

Dans une bielle, on distingue les deux têtes et le corps de la bielle qui sert à les relier.

Têtes de bielles

L'une des extrémités d'une bielle (*pied de la bielle*) étant articulée avec la tige du piston et l'autre (*tête de la bielle*), avec la manivelle, la forme et les dimensions des têtes varient selon les cas. Nous décrivons ci-après les types les plus employés.

Tête de bielle en fer forgé avec chape (fig. 144)

La chape en fer qui maintient les coussinets est fixée à l'aide d'une clavette de serrage glissant entre deux contre-clavettes.

Pour éviter que la clavette, qui n'est munie d'aucun dispositif de sûreté, ne se desserre, la somme des inclinaisons des deux côtés ne doit pas dépasser $1/15$.

Si elle était munie d'un boulon de serrage, comme celles que nous verrons plus loin, l'inclinaison pourrait atteindre $1/6$.

La tête de bielle à chape est assez répandue, mais elle présente toutefois un inconvénient : la distance des centres varie quand on enfonce la clavette.

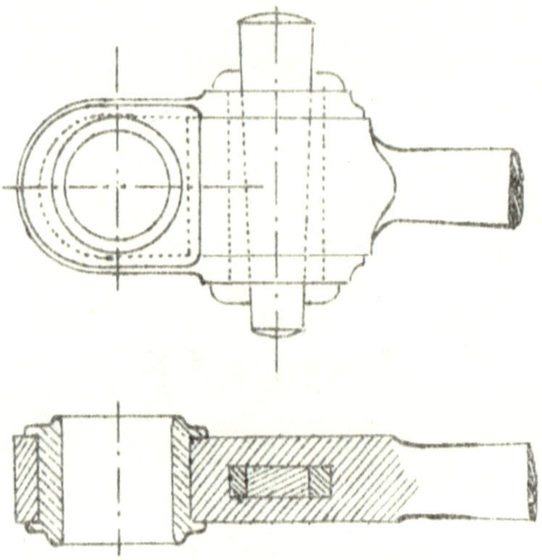

Fig. 144.

Les têtes de bielles sont munies de coussinets en bronze, pour éviter l'usure des tourillons ou des axes d'articulation.

Ces coussinets se font généralement en deux pièces comme ceux des paliers ; de cette façon, le serrage à bloc produit par les clavettes ne coince pas les coussinets sur les tourillons.

Tête de bielle de Penn (fig. 145)

Cette tête de bielle, entièrement en bronze, a la forme d'un palier. Des rebords tiennent lieu de joues des coussinets. Le serrage des deux parties de la tête se fait à l'aide de boulons dont les écrous agissent sur une plaque en fer. Ces écrous sont munis d'un frein. Comme il n'y a pas de clavette, on lime les surfaces de contact pour gagner l'usure.

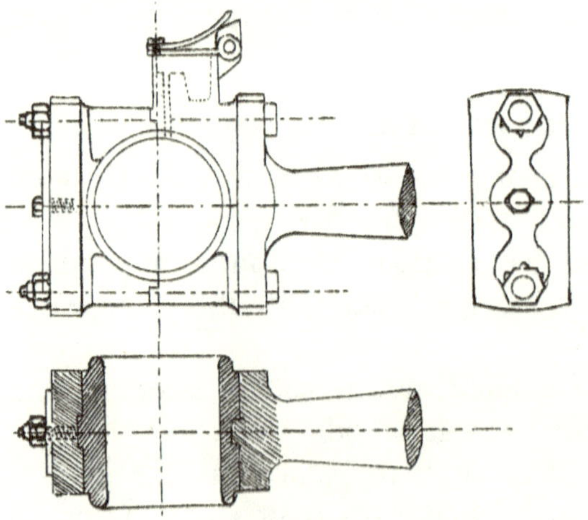

Fig. 145.

Le corps de la bielle est terminé par un patin qui

supporte le palier à l'aide des boulons d'assemblage. Un petit tourillon pénétrant dans le bronze assure le centrage. (*Machines mi-fixes Weyher et Richemond, de Pantin*).

Têtes de bielles ouvertes

La tête de bielle représentée par la figure 146 est dite ouverte, parce qu'elle peut, comme les précédentes d'ailleurs, s'adapter sur le tourillon d'un arbre coudé.

Le remplissage de l'ouverture se fait à l'aide d'un bloc ajusté en forme de T, et maintenu à l'aide d'une vis. La clavette agit sur les coussinets par l'intermédiaire d'un coin en fer, qui épouse la forme cylindrique de ces derniers. (*Machines Piguet et Cie, de Lyon*).

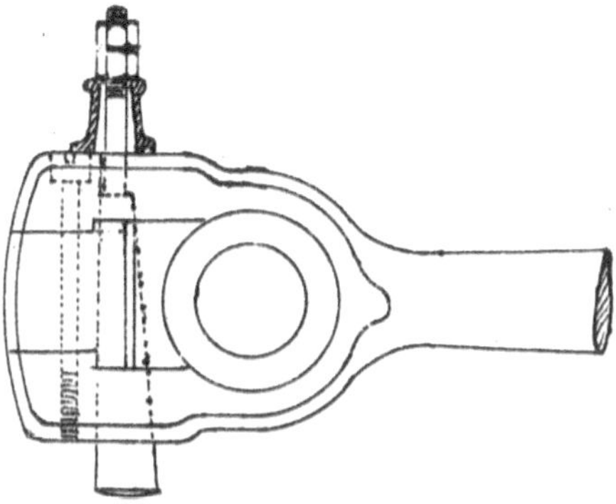

Fig. 146.

Têtes de bielles fermées

Ces têtes de bielles sont plus résistantes que les précédentes, mais ne sauraient convenir pour des tourillons intermédiaires.

La figure 147 représente une tête de bielle fermée qui a l'avantage de pouvoir s'exécuter au tour extérieurement. La clavette est terminée par une partie filetée pour recevoir un écrou. Elle agit sur les coussinets par l'intermédiaire d'une plaque de pression en fer.

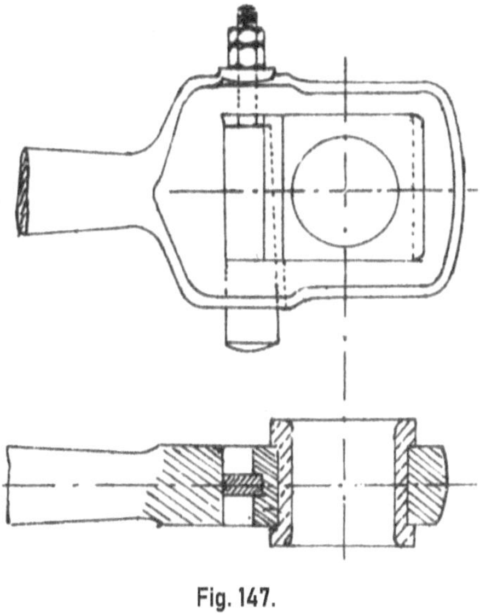

Fig. 147.

La figure 148 représente une tête de bielle de locomotive. La clavette agit directement sur les coussinets, qui portent une entaille pour la recevoir, et dont l'épaisseur est augmentée pour cette raison. Les bielles de locomotives étant très rapprochées

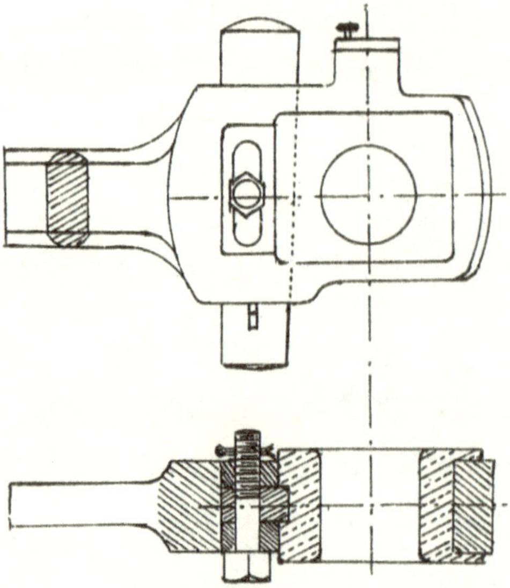

Fig. 148.

des roues, les coussinets ne peuvent s'enlever que d'un côté, aussi ils ne portent pas de joue à l'arrière.

La tête est munie d'un graisseur à mèche avec couvercle en bronze.

La clavette est maintenue par un dispositif de sûreté représenté sur la figure.

Corps des bielles

Le corps d'une bielle se fait en fer ou en acier, rarement en fonte.

Pour le fer et l'acier, la section du corps est généralement circulaire (figure 149 *a*).

Les bielles étant soumises à des efforts de flexion, le diamètre D du milieu est supérieur à celui d des extrémités : $d = 0{,}8\ D$.

Le corps d'une bielle se raccorde avec les têtes par des courbes allongées, pour éviter de brusques variations de section.

La longueur d'une bielle d'axe en axe égale 5 ou 6 fois celle de la manivelle. Cette longueur est réduite parfois dans les machines de bateaux.

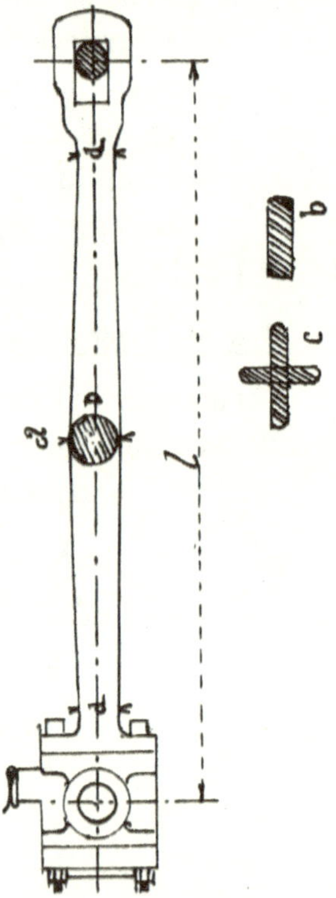

Fig. 149.

Si L désigne la longueur d'une bielle en millimètres ; P l'effort ; D le diamètre de la plus grande section, on a :

$$D = 0{,}21\sqrt{L\sqrt{P}}$$

Les bielles, dans certaines machines, sont à fourche du côté du piston (fig. 150). Les doux têtes de la fourche sont généralement à chape (fig.

a). Le tourillon peut aussi être fixé dans la fourche (fig. *b*), et les coussinets sont alors portés par la crosse, organe qui relie la bielle et la tige de piston.

Pour les bielles de locomotives, la section rectangulaire est exclusivement employée (figure 149 *b*). L'installation de ces organes est rendue plus facile ; le fouettement est moins à craindre ; l'effet du mécanisme est plus satisfaisant.

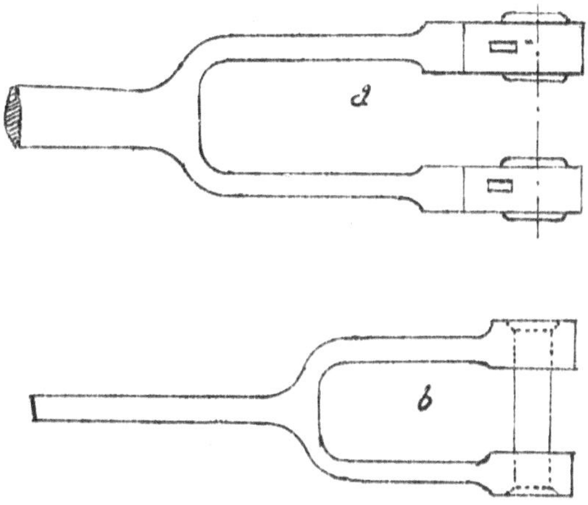

Fig. 150.

Dans les machines à balancier, on trouve des bielles en fonte à section cruciforme (fig. 149 *c*).

Chapitre XIV

Manivelles. – Arbres coudés. – Excentriques

Manivelles simples

Les manivelles simples des machines à vapeur sont des leviers placés aux extrémités des arbres de couche, et portant un tourillon destiné à recevoir l'action des bielles.

Les manivelles se font généralement en fer ou en acier ; elles peuvent être forgées d'une pièce avec l'arbre, ou fixées à l'aide d'une clavette après avoir été emmanchées à chaud ou à la presse hydraulique.

Le tourillon ou maneton d'une manivelle se fait quelquefois d'une pièce avec le bras, mais il peut aussi être rapporté. Dans ce dernier cas,

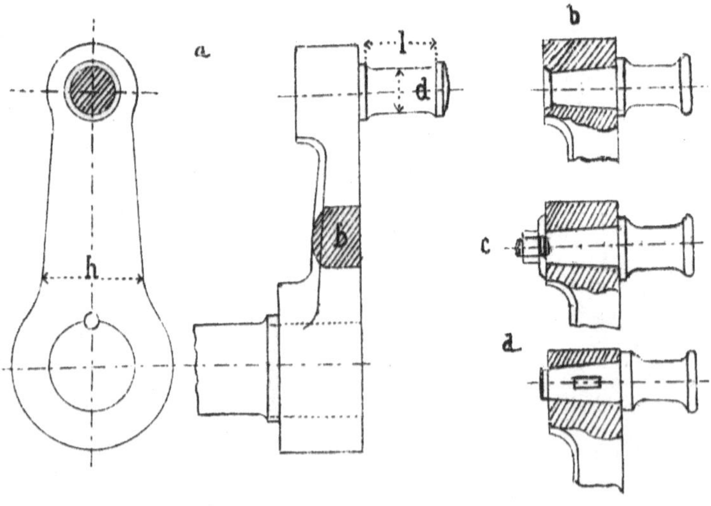

Fig. 151.

il est muni d'une partie conique ajustée dans le bras, et on le fixe à l'aide d'un écrou, d'une rivure ou d'un clavetage (fig. 151 *a, b, c, d*).

Le diamètre d'un maneton se détermine par la formule :

$$d = 2{,}26 \sqrt{P\,l\,/\,R\,d}$$

R = 5 pour le fer, 8 pour l'acier ;

P est l'effort en kilogrammes qui s'exerce dans la direction de la bielle.

$$l = d \text{ à } 1{,}5\,d$$

Le bras d'une manivelle affecte la forme d'un solide d'égale résistance. La largeur et l'épaisseur près du tourillon sont les ⅔ de ces mêmes dimensions près du moyeu.

$$h = 3\,b \quad ; \quad b = 0{,}721 \sqrt[3]{P\,r\,/\,R}$$

La face opposée à la bielle doit être bombée, on la fait quelquefois droite pour faciliter l'exécution.

Plateaux-manivelles

Une manivelle en fer est une pièce assez difficile à exécuter ; son prix de revient est élevé, et il y a parfois avantage à la remplacer par une manivelle en fonte.

Dans ce cas, le bras est généralement solidaire d'un plateau sur lequel est fixé le tourillon. Ce plateau (fig. 152) ne présentant aucune partie saillante, est moins dangereux qu'un levier ; il porte un contrepoids P diamétralement opposé au tourillon.

Un plateau-manivelle fait l'office de volant ; il rend la marche plus régulière et, pour cette raison, convient très bien pour la commande d'une pompe.

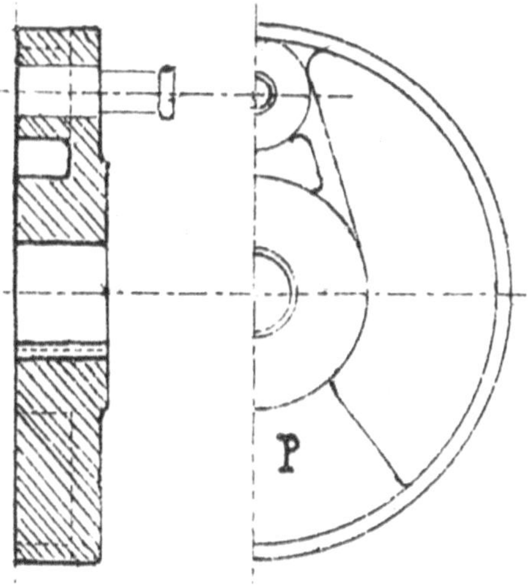

Fig. 152.

Un autre avantage est que les plateaux sont moins sujets à se fausser que les manivelles simples et qu'ils peuvent s'exécuter entièrement sur le tour après avoir été clavetés sur leurs arbres.

Contre-manivelles

On désigne sous le nom de contre-manivelle, un bras incliné (fig. 153) fixé sur la manivelle principale et portant un deuxième tourillon.

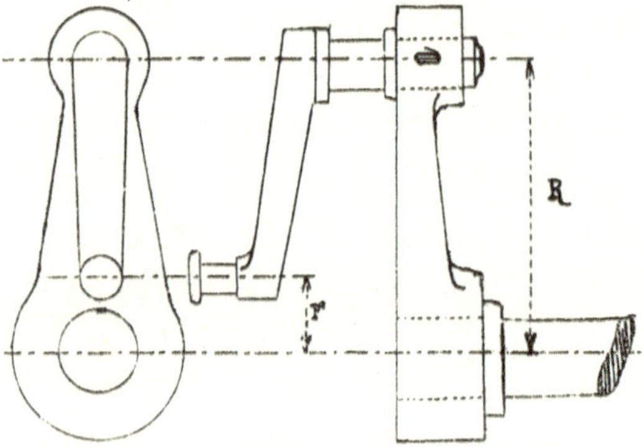

Fig. 153.

Ce tourillon remplace un excentrique dans certaines machines à changement de marche. La course de l'organe qu'il commande est égale à 2 *r*.

On peut forger une contre-manivelle d'une seule pièce avec l'arbre, mais il est bien préférable qu'elle soit rapportée et maintenue par un clavetage. Ce mécanisme peut aisément se fausser.

Arbres coudés

Les arbres coudés, appelés aussi vilebrequins, arbres à manivelle, sont à un ou plusieurs coudes, suivant que les machines ont un ou plusieurs cylindres.

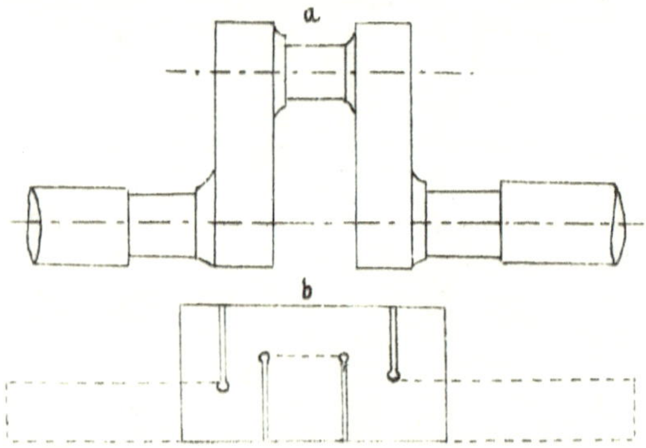

Fig. 154.

La figure 154 a représente la forme la plus simple d'un arbre coudé pour machine à vapeur.

Le diamètre du tourillon, supérieur à celui d'une manivelle simple, est donné en centimètres par la formule :

$$d = 0{,}230 \sqrt[3]{P\,l}$$

P est l'effort en kilogrammes qu'il reçoit ;

l la distance en centimètres de l'axe des paliers au milieu du vilebrequin.

La figure 154 *b* indique une méthode assez rationnelle pour la fabrication des arbres coudés de petites dimensions. On forge un lopin qu'on découpe intérieurement à la tranche. On rabat les extrémités pour former l'arbre. Enfin on étampe.

Si les dimensions de l'arbre le permettent, il est bon de ménager, à la forge, deux parties en retour d'équerre avec l'arbre. Ces deux bras servent à prendre les centres lorsqu'on tourne le tourillon de la manivelle ; on les coupe ensuite.

Si l'arbre est de fortes dimensions, ces bras sont ajustés après qu'on a tourné le corps de l'arbre.

La figure 155 représente un arbre de locomotive à deux coudes disposés pour recevoir l'action des deux bielles motrices.

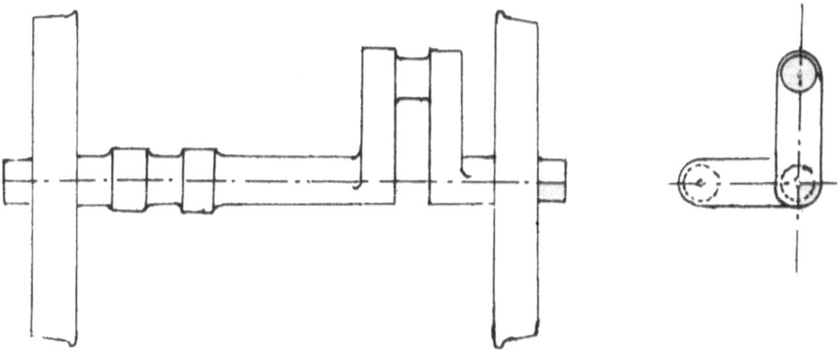

Fig. 155.

La fabrication de ces arbres se fait généralement de la façon suivante :

(Procédé de MM. Petin et Gaudet, décrit par M. Armengaud dans *le Vignole des mécaniciens*).

« On prépare un paquet assez fort pour fournir deux ou trois essieux ; ce paquet est chauffé à blanc pour être corroyé au marteau pilon.

« Réduit et coupé ensuite à la dimension voulue pour un essieu, on en forme autant de cylindres sur lesquels on pratique des échancrures qui correspondent à peu près aux parties qui doivent rester cylindriques.

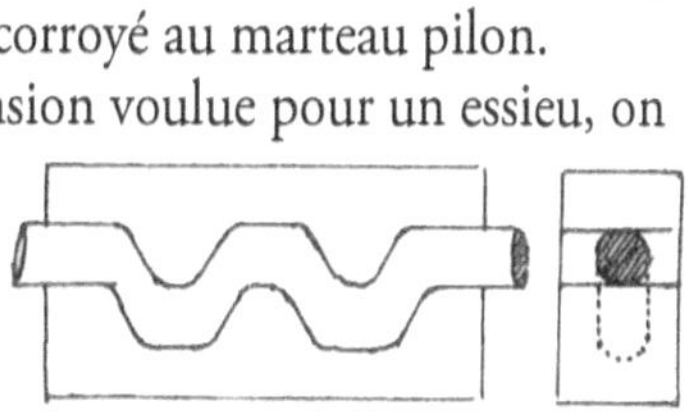

Fig. 156.

« On soumet ensuite chaque masse, sous le marteau pilon, à deux matrices A et B (fig. 156) qui présentent les ondulations des deux coudes ramenés dans un même plan. Après cette ébauche on chauffe à nouveau, et on soumet l'arbre à une autre étampe qui possède, cette fois, la forme des deux coudes plus exactement prononcés.

« L'arbre est encore remis au feu, et on dévie les deux coudes à l'angle voulu : 90° ».

Excentriques

Au point de vue cinématique, il existe une grande analogie entre les excentriques et les manivelles.

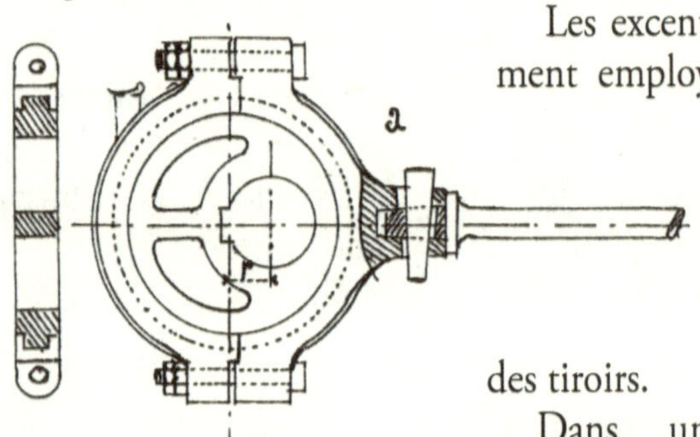

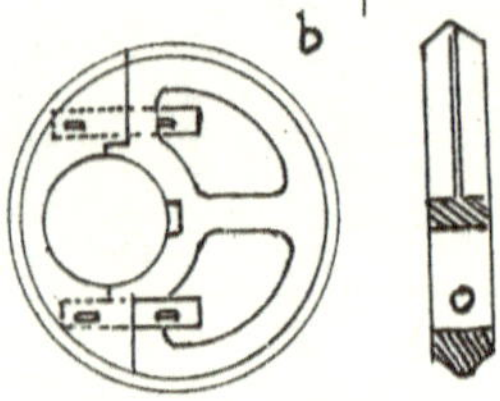

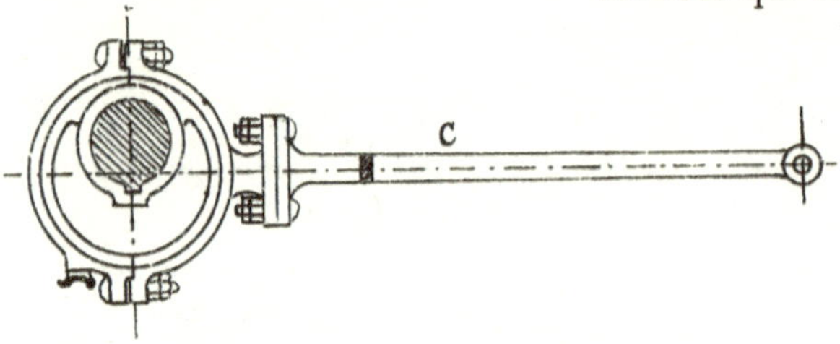

Les excentriques sont généralement employés pour transformer le mouvement circulaire continu des arbres de couche, en un mouvement rectiligne alternatif des tiroirs.

Dans un excentrique, on distingue trois parties : le disque, le collier et la tige.

La figure 157 *a* représente la forme d'excentrique la plus adoptée. Le collier est muni de deux rebords qui le maintiennent sur le disque, tout en formant réservoir d'huile. Le graisseur vient souvent de fonderie avec le collier.

Les disques d'excentrique tournent autour d'un point qui n'est pas le centre du disque. La distance des centres *r* se nomme le rayon d'excentricité, et l'organe conduit par l'excentrique a une course égale à 2 *r*.

Les disques se font généralement en bronze et en une pièce. Toutefois, lorsque les arbres présentent des parties saillantes, les disques se font en deux pièces réunies par des goujons à clavettes (fig. 157 *b*). Les colliers se font en bronze, en fonte ou en fer.

Dans ce dernier cas, ils sont garnis intérieurement de métal antifriction (locomotives).

Les barres d'excentrique se font en fer ou en acier ; leur section est généralement circulaire et elles sont réunies aux colliers à l'aide d'un clavetage (fig. *a*). Dans les locomotives, les barres ont une section méplate et elles sont terminées par un patin (fig. *c*). L'interposition de cales entre les deux parties du patin permet de leur conserver leur longueur normale.

Manivelles à main

Pour les manivelles à main, la poignée (fig. 158) peut être forgée d'une pièce avec la manivelle ou être assujettie au moyen d'une soie. Dans ce dernier cas, la poignée est en bois, ou bien formée d un tube en fer.

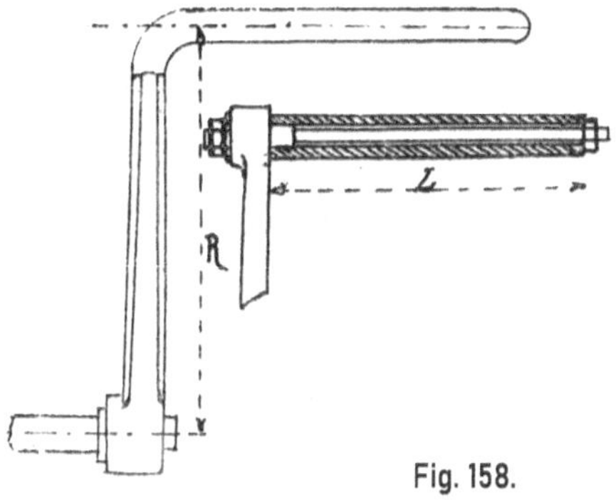

Fig. 158.

Un homme peut développer sur une manivelle un effort moyen de 8 kilogrammes à la vitesse de 0,75 m par seconde. L'arbre d'une manivelle doit être placé à 1 mètre du sol, au minimum.

D'après Reuleaux, les dimensions des manivelles sont les suivantes :

	Pour un homme	*Pour deux hommes*
Longueur de la manivelle	300 à 400 mm	360 à 450 mm
Longueur de la poignée	300 à 330 mm	400 à 480 mm

Chapitre XV

Pistons et presse-étoupes

Les pistons peuvent se diviser en deux catégories principales :

1. - Les pistons pour moteurs ;

2. - Les pistons pour pompes.

1. – Pistons pour machines à vapeur. — Les pistons pour machines à vapeur se composent d'un disque auquel est solidement assujettie la tige du piston.

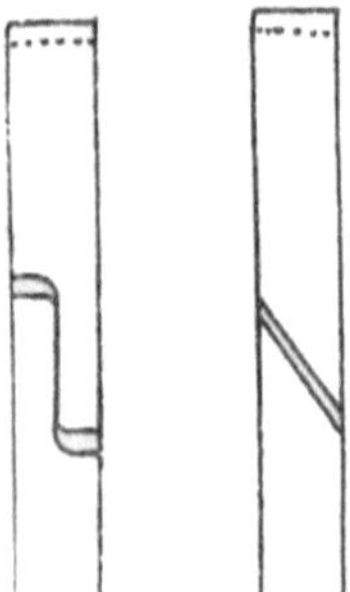

Fig. 159.

Pour que la vapeur ne passe pas entre les parois du cylindre et le disque, ce dernier est muni d'une garniture extérieure. Autrefois, dans les machines à basse pression, le chanvre était exclusivement employé pour assurer l'étanchéité. Dans les machines à vapeur actuelles la garniture est métallique, elle est formée d'anneaux élastiques ou segments (fig. 159).

Les segments se font de préférence en fonte, à grain serré, et ils sont coulés debout, avec une forte masselotte. Ils sont généralement enlevés sur le tour par groupe de huit à dix dans un manchon. On fait aussi des segments en acier recouvert de métal blanc et quelquefois en bronze ou en acier. En principe, les segments doivent être faits d'un métal moins dur que celui des cylindres.

Les segments sont logés dans des rainures pratiquées sur la surface cylindrique du disque ; ils sont pressés contre les parois des cylindres par leur élasticité naturelle ou par des ressorts.

Pour introduire les anneaux dans les gorges, on les coupe suivant une ligne oblique ou brisée et l'ajustage doit être soigneusement fait, pour éviter les fuites. Les jonctions des anneaux d'un piston doivent être croisées, et elles ne doivent point se trouver vis-à-vis des orifices des cylindres.

Un segment se tourne d'un diamètre plus grand que celui du cylindre. Après avoir coupé la bague, on en rapproche les deux parties, mais comme elle n'est plus ronde, on la bat alors avec un marteau dont la panne est tournée en travers. Quelquefois on remonte la bague sur le tour pour finir de l'ajuster.

Les disques des pistons sont en fonte ou en fer, en une ou deux pièces.

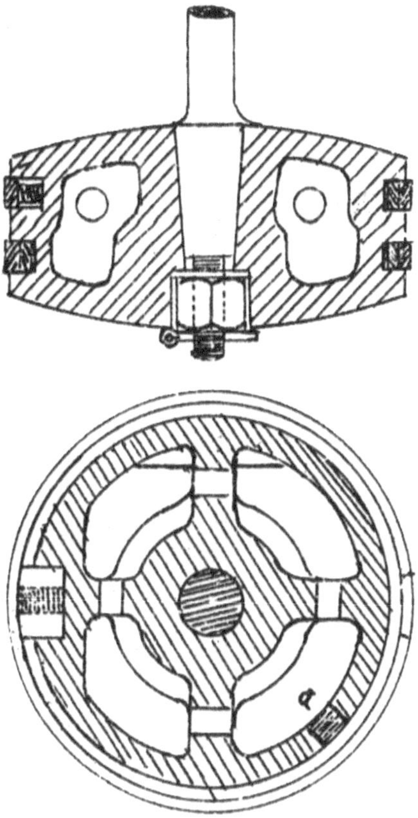

Fig. 160.

La figure 160 représente un piston creux en fonte (*Machine Piguet de Lyon*). Les trous nécessaires pour les portées des noyaux, se bouchent avec des tampons a en cuivre rouge, filetés et matés.

Dans chaque gorge, il y a deux segments en fonte superposés. Le segment extérieur est maintenu par un tasseau logé dans un évidement.

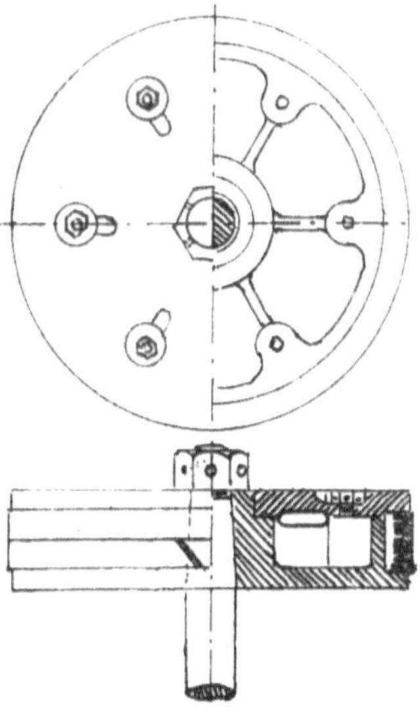

Fig. 161.

Piston à ressort (fig. 161). — Ce piston se compose de deux plateaux soigneusement ajustés l'un sur l'autre et réunis par des prisonniers. On peut enlever celui de dessus sans toucher à l'écrou de la tige.

Les deux anneaux ont la forme particulière indiquée par la figure, (forme cornière), et ils sont constamment pressés par un ressort en hélice placé intérieurement.

Il existe beaucoup d'autres dispositions de pistons composés, celle décrite ci-dessus se recommande par sa simplicité.

Piston Suédois. — La figure 162 représente un piston évidé, en fer (genre suédois), très employé pour les locomotives et les marteaux pilons. Les segments sont maintenus par des ressorts de centrages placés dans des cavités. L'évidement existe quelquefois d'un seul côté.

Ces pistons en fer peuvent aussi s'exécuter en deux pièces (fig. 163).

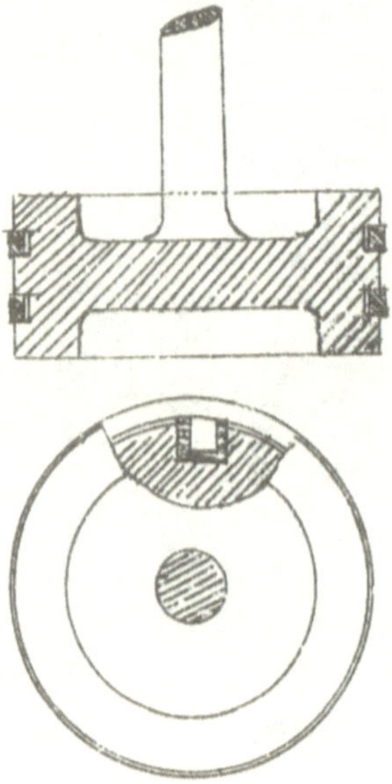

Fig. 162.

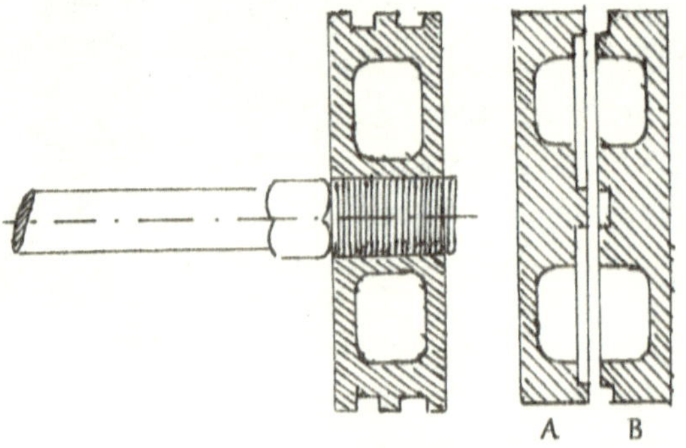

Fig. 163.

On forge au pilon deux galettes A et B, que l'on évide sur le tour, et sur lesquelles on pratique une saillie et un rebord ne se pénétrant pas à froid.

On chauffe les deux pièces et on les réunit par un coup de pilon. Après l'emmanchure de la tige, on achève de tourner le disque.

Tiges des pistons. — La tige d'un piston en fer se fait assez souvent d'une seule pièce avec le disque (*locomotives, pilons*). On peut aussi fixer la tige en la terminant par un bout fileté et rivé, par une partie conique serrée par un écrou, par un cône claveté sur le disque. (Voir les figures précédentes). Lorsque les pistons sont lourds, on évite qu'ils ovalisent trop rapidement les cylindres, en munissant les disques d'une contretige qui sort à l'avant du cylindre à travers une seconde garniture. Les tiges se font en acier et se calculent à la compression. Leur diamètre est donné par la formule :

$$d / D = 0{,}0573 \sqrt{L/D} \sqrt[4]{n}$$

d diamètre de la tige ;
D diamètre du cylindre ;
L longueur de la course ;
n numéro du timbre.

Au-dessous de 5 atmosphères on fait simplement d = D / 7

Pistons pour moteurs à gaz ou à pétrole. — Dans les moteurs à gaz ou à pétrole, le fond arrière du cylindre est supprimé. Il n'y a donc plus lieu d'employer des pistons avec tige, cette dernière ne serait pas guidée. On emploie alors des pistons à fourreau (fig. 164), ainsi appelés en raison de leur forme.

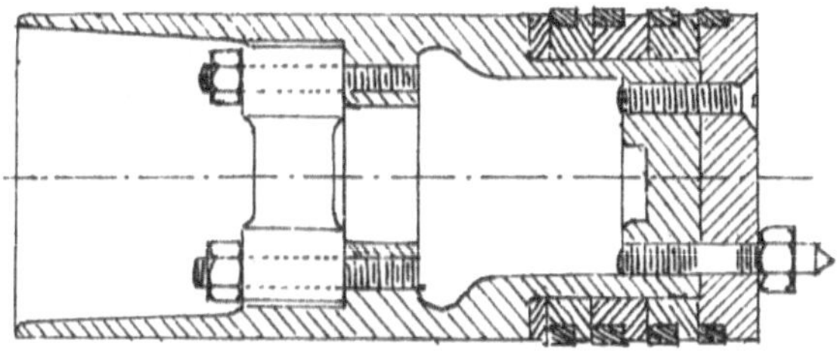

Fig. 164.

Une partie de leur longueur seulement est munie de segments.

À l'intérieur de ces pistons se trouve une articulation qui les relie directement à la bielle motrice.

2. - Pistons pour pompes. — En hydraulique, pour les pompes, on emploie des pistons à disques ou des pistons plongeurs. Les pistons a disques peuvent recevoir une garniture en cuir gras embouti (fig. 165) ou en chanvre.

Mais le plus souvent les pistons des pompes à eau portent des clapets. La figure 166 en représente un type très simple entièrement en bronze. La garniture est encore formée d'une rondelle en cuir embouti, maintenu en dessous par un cercle fileté formant écrou. Le clapet en cuir est renforcé par une plaque en plomb.

La figure 167 représente un piston à clapet pour pompe à air. Le disque a la forme d'une grille sur laquelle repose un clapet en

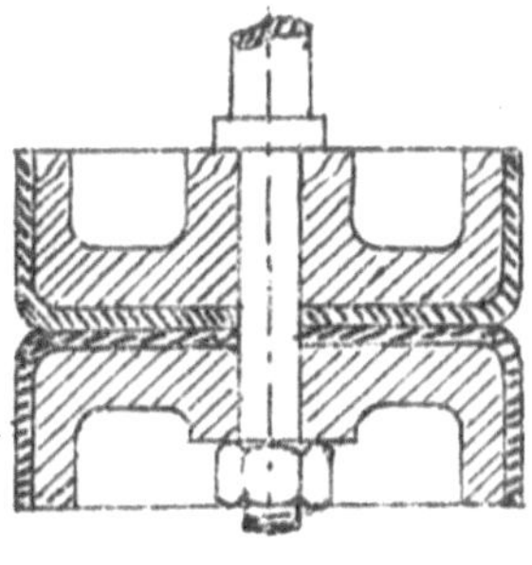

Fig. 165.

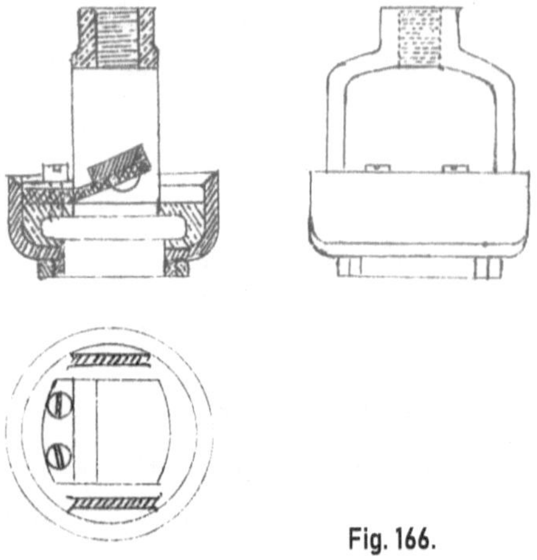

Fig. 166.

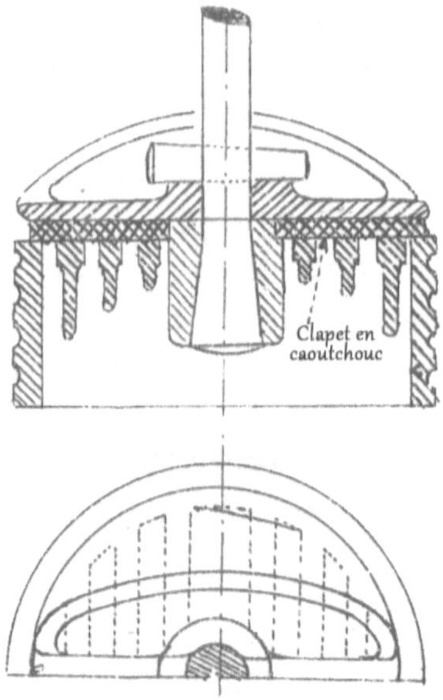

Fig. 167.

caoutchouc. Ce clapet vient battre contre un guide cintré en fonte, qui limite son soulèvement.

La garniture de ces pistons est souvent composée d'une toile enduite de graphite.

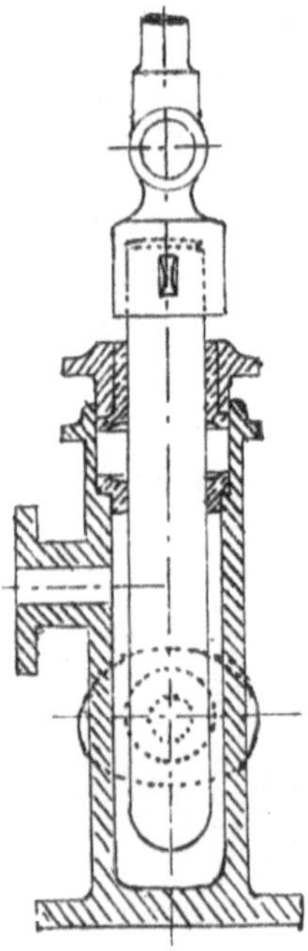

Fig. 168.

Pistons plongeurs. — Les pistons plongeurs, très employés pour les pompes des presses hydrauliques ou pour les pompes d'alimentation des machines à vapeur, se composent d'une simple tige en acier (fig. 168). Cette tige n'est guidée qu'à son entrée dans le cylindre; à cet endroit se trouve la garniture.

Boîtes à étoupes. — Les boîtes à étoupes ou *presse-étoupes*, ou *stuffing-box*, sont des dispositifs renfermant une matière compressible, et qui ont pour but de guider les tiges qui pénètrent dans un réservoir contenant un fluide, tout en assurant l'étanchéité.

La figure 169 représente un type de presse-étoupes très employé pour les tiges de pistons. Il se compose d'un chapeau mobile A maintenu à l'aide de boulons, et servant à presser la garniture, d une boîte B renfermant la dite garniture, et d'un grain C destiné à guider la tige. Le grain et la bague du chapeau sont terminés en forme de coin pour ra-

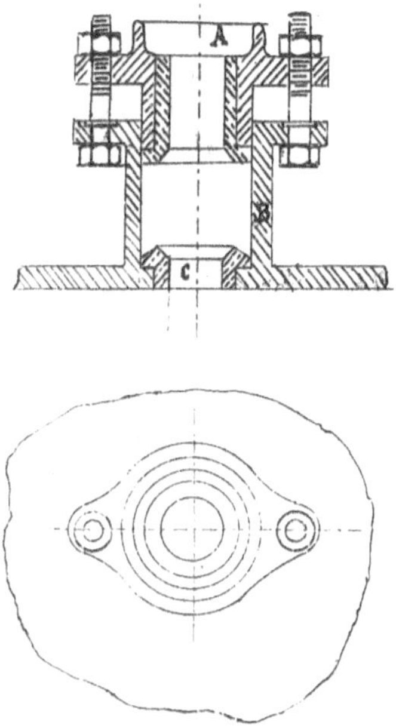

Fig. 169.

mener la garniture autour de la tige et empêcher la vapeur de sortir. Ces deux pièces sont en bronze pour éviter l'usure de la tige. Les boulons doivent être serrés de la même quantité pour éviter tout coincement.

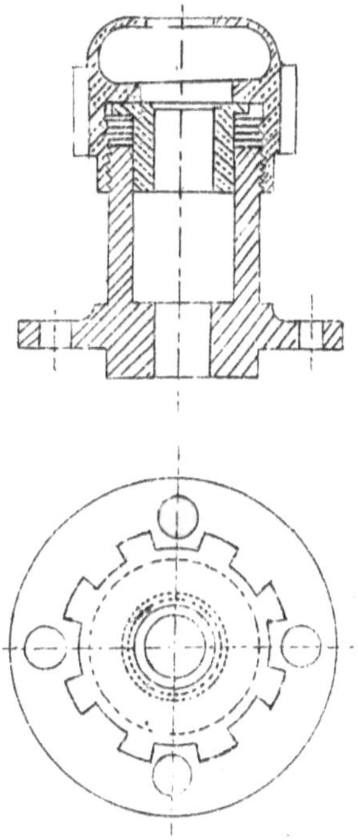

Fig. 170.

Cet inconvénient n'est pas à craindre avec le presse-étoupes de la figure 170 qui convient très bien pour les tiges de petites dimensions, les tiges de tiroirs, par exemple. La boîte entièrement en bronze est rapportée ; le presse-garniture a la forme d'un écrou à encoches. À l'aide d'une clef on le visse sur la boîte, avec laquelle il est toujours concentrique.

La garniture des boîtes peut se faire avec du chanvre suifé, ou mieux avec des tresses de coton amianté. Dans les Compagnies de chemins de fer on emploie beaucoup des garnitures en métal blanc (plomb, étain, antimoine).

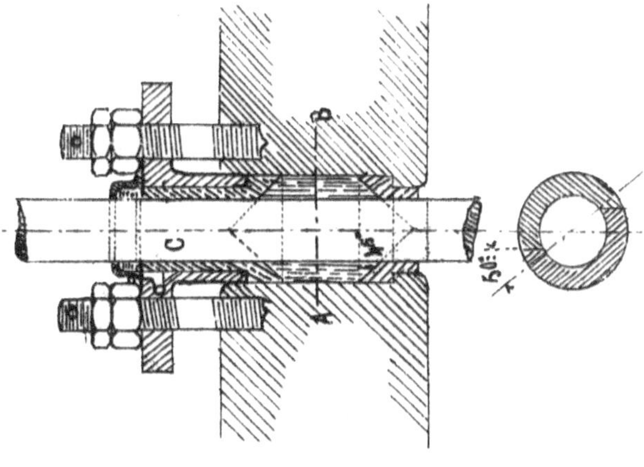

Fig. 171.

La Compagnie de Lyon fait usage de la garniture Duterne, qui consiste en une bague cylindrique terminée à chaque extrémité par un cône (fig. 171). Lorsque la tige présente un renflement la bague est faite en deux pièces, de même le fourreau C. Le logement de la garniture est alésé avec un léger cône vers l'extérieur pour faciliter l'extraction. (*La Machine locomotive*, par Édouard Sauvage)[1].

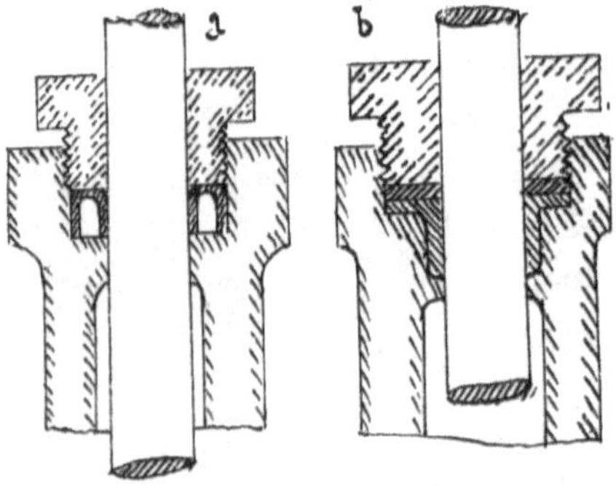

Fig. 172.

Pour les pistons plongeurs des presses hydrauliques, la garniture est formée par des rondelles de cuir embouti (fig. 172 *a* et *b*). En raison de la forme de ces rondelles, toute pression intérieure tend à les appliquer contre les parois.

(1) Réédition Decoopman, 2012.

Chapitre XVI

Crosses. – Glissières. - Balanciers

Crosses

Les crosses sont des organes qui servent à relier les tiges de pistons aux bielles.

Une crosse peut être à mouvement libre, comme celles de la figure 173 *a* et *b*. Ces deux organes sont disposés pour recevoir, l'un une bielle à fourche, l'autre une chape.

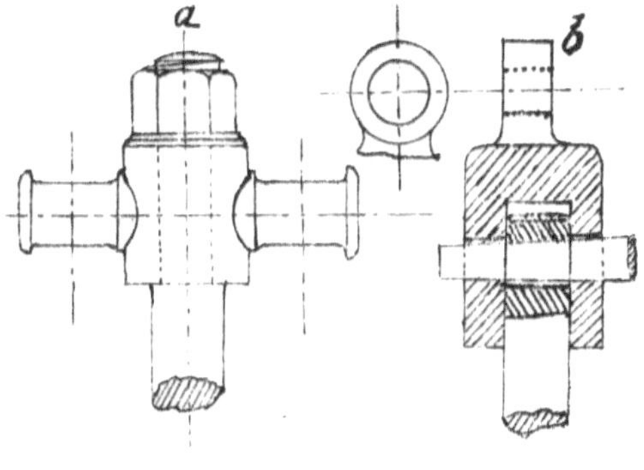

Fig. 173.

Mais le plus souvent dans les machines à vapeur, les crosses sont guidées par des glissières, et assurent ainsi le mouvement rectiligne des tiges de pistons. A cet effet, elles sont munies de surfaces frottantes ou patins.

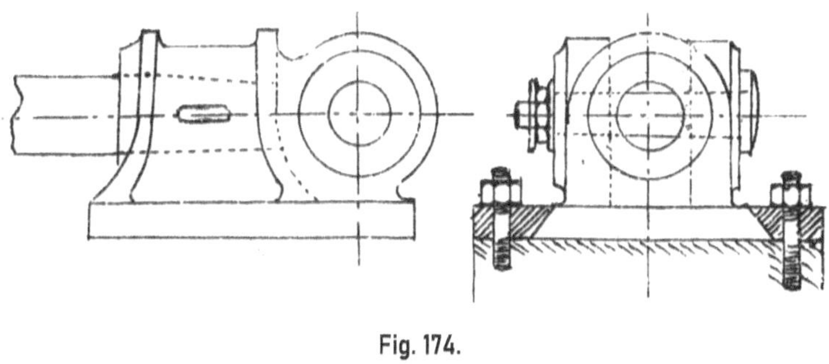

Fig. 174.

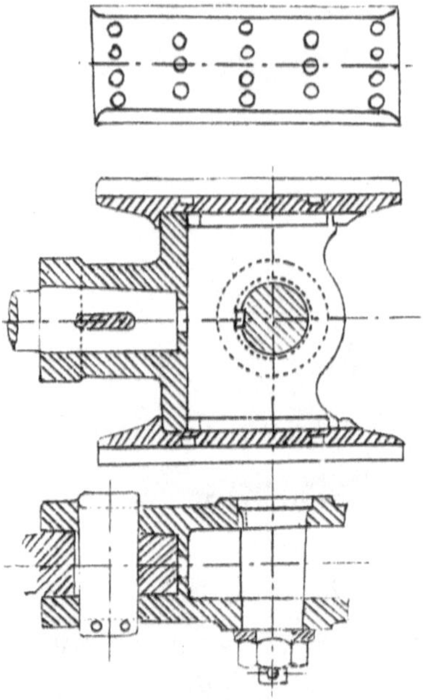

Fig. 175.

La figure 174 représente une crosse à un seul patin. Elle ne convient que pour les machines tournant toujours dans le même sens et où, par suite, la direction de la pression sur les glissières ne change pas.

Toute la crosse est en fonte, et la semelle est ajustée en queue d'hironde entre les glissières.

Pour les locomotives, le mouvement devant avoir lieu dans les deux sens, il est indispensable d'employer des crosses guidées des deux côtés (fig. 175). Ces crosses sont en fer ou en acier coulé. Les surfaces frottantes, en bronze ou en fonte, sont rapportées à l'aide de boulons à tête fraisée. La tige du piston est ajustée conique, une clavette goupillée l'empêche de sortir. Un trou, percé au fond du logement de la tige, permet de la chasser lors du démontage.

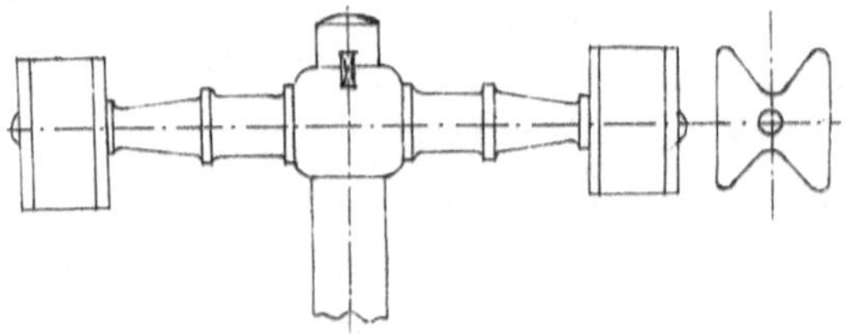

Fig. 176.

Pour les fortes machines à vapeur, les crosses affectent la forme d'une traverse, et comportent deux patins (fig. 176). Ces derniers, lors même que la machine tourne toujours dans le même sens, sont guidés des deux côtés, l'avance du tiroir produisant toujours un changement de direction de la pression aux extrémités de la course.

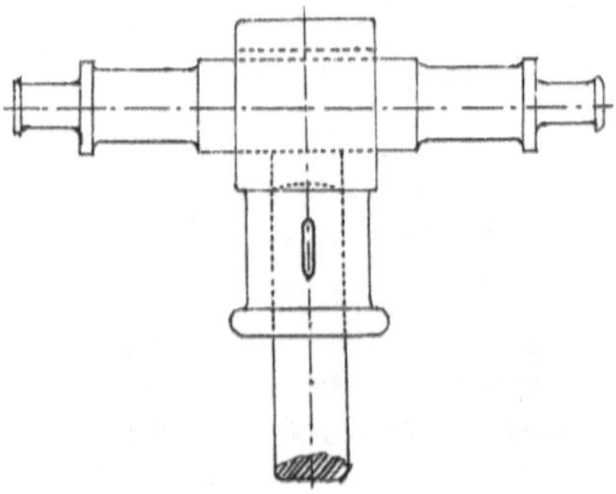

Fig. 177.

La figure 177 représente une crosse pour la tige, de piston d'une machine à balancier.

Glissières

Les glissières sont les guides du mouvement rectiligne les plus employés pour les machines à vapeur. Elles se font en fer ou en acier, et doivent présenter un dispositif permettant de rattraper l'usure. Le graissage doit se faire d'une façon parfaite.

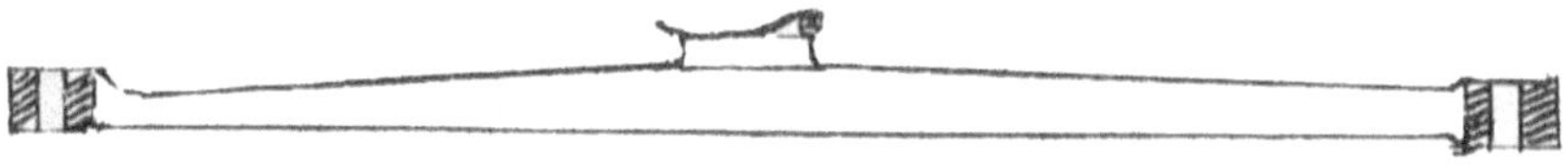

Fig. 178.

La forme des glissières est souvent celle de la figure 178. La partie du milieu est augmentée pour éviter la flexion. Ces glissières peuvent s'exécuter en fonte, ou en fer cémenté pour les locomotives.

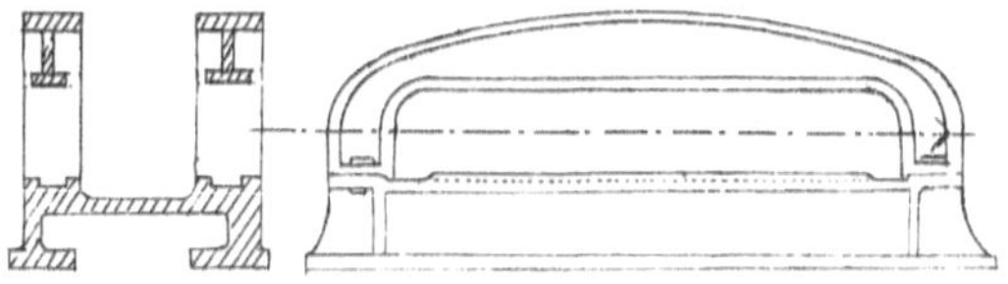

Fig. 179.

La figure 179 représente des glissières pour traverse à deux patins. Les cadres sont en fonte et à nervures. Les glissières inférieures font partie du bâti, et celles supérieures sont solidement fixées à l'aide de boulons. Des rebords forment une cuvette pour l'huile.

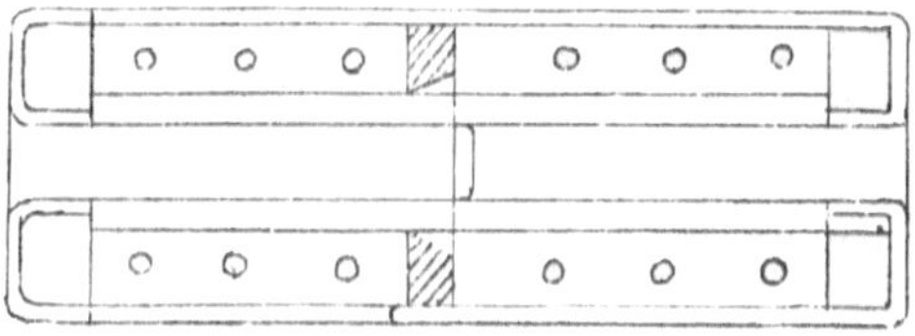

Fig. 180.

Lorsqu'on emploie une crosse à un seul patin, la disposition des glissières est celle de la figure 180. Un petit réservoir d'huile est placé à chacune des extrémités des glissières, et la crosse se lubrifie d'elle-même. Mais le meilleur système de glissières est celui de la figure 181. Ces glissières sont cylindriques et la crosse est tournée extérieurement. Le bâti forme un fourreau de chaque côté duquel sont ménagées des ouvertures ; il porte généralement le fond arrière du cylindre. L'axe des glissières ne peut moins faire que de concorder avec celui du cylindre.

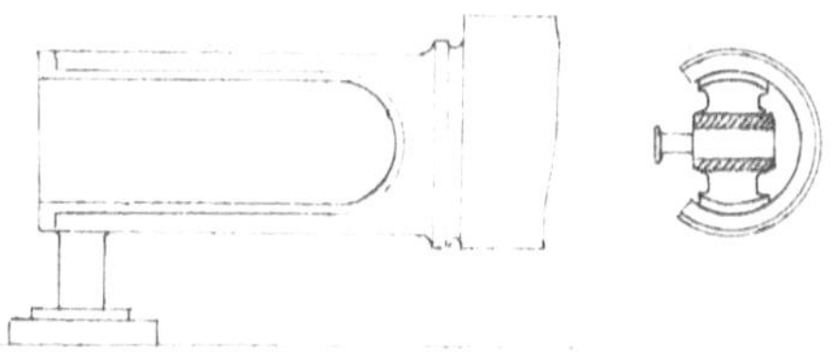

Fig. 181.

Balanciers

Les balanciers des machines à vapeur (fig. 182 et 183) sont des leviers oscillant en leur milieu, connexant par une extrémité avec les bielles, de l'autre avec les tiges de pistons.

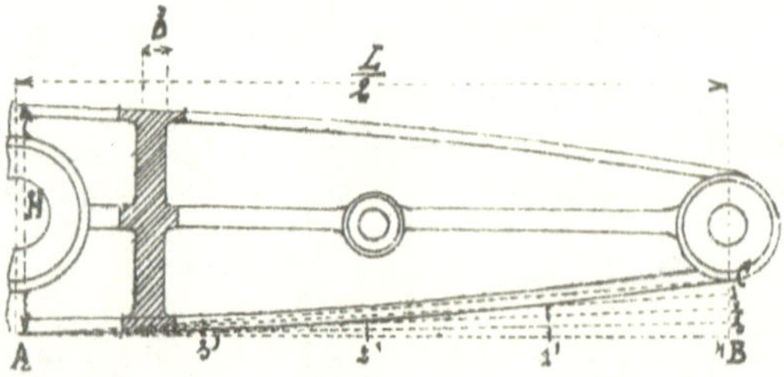

Fig. 182.

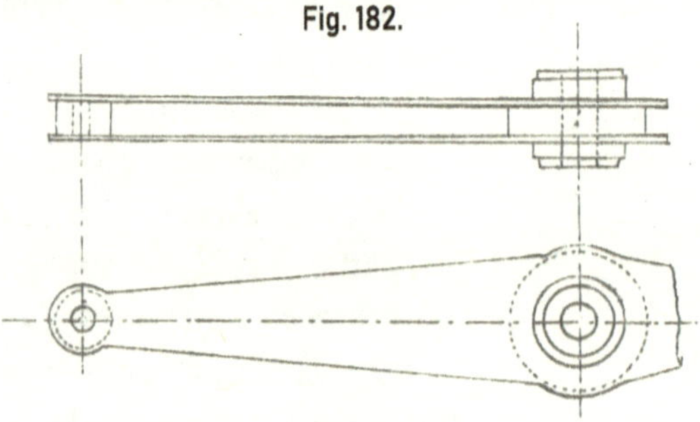

Fig. 183.

Ces dernières sont guidées par un parallélogramme articulé que le balancier supporte à l'aide de deux tourillons doubles. Un tourillon de même genre reçoit la bielle. Ces tourillons sont rapportés et maintenus généralement par un clavetage.

Les balanciers se font quelquefois en fer, ils sont formés de deux flasques en tôle entretoisés et réunis par des boulons (fig. 183). Le plus souvent ils sont en fonte et présentent la section à nervure de la figure 182.

Pour construire la courbe limitant le balancier on opère de la façon suivante :

On construit le triangle rectangle ABC dont l'hypoténuse AC est tangente au cercle C. On divise CB et AB en un même nombre de parties égales. On joint tous les points de division de CB, au point A ; les perpendiculaires abaissées de AB déterminent, avec les lignes portant le même numéro, autant de points de la courbe.

Si r est le rayon de la manivelle,

L la longueur totale du balancier,

H sa hauteur en son milieu,

On a :

$L = 6\,r$, $H = r$.

Chapitre XVII

Robinets. – Clapets. - Soupapes

Les robinets, les clapets et les soupapes sont des obturateurs, c'est-à-dire des organes permettant la fermeture ou l'ouverture des tuyaux de conduite des fluides.

Robinets à rotation

Le robinet à rotation le plus simple est celui de la figure 184. Il se compose d'un boisseau A, en fonte ou en bronze, terminé par deux brides munies d'orifices. La partie mobile B se nomme la clef ; elle a une forme conique en raison de l'usure qu'elle peut prendre ; sa partie inférieure porte un écrou qui permet d'en régler la position. L'orifice de la clef a une forme allongée, ce qui permet de réduire le diamètre du cône. La section de cet orifice rectangulaire doit être égale à celle du tuyau.

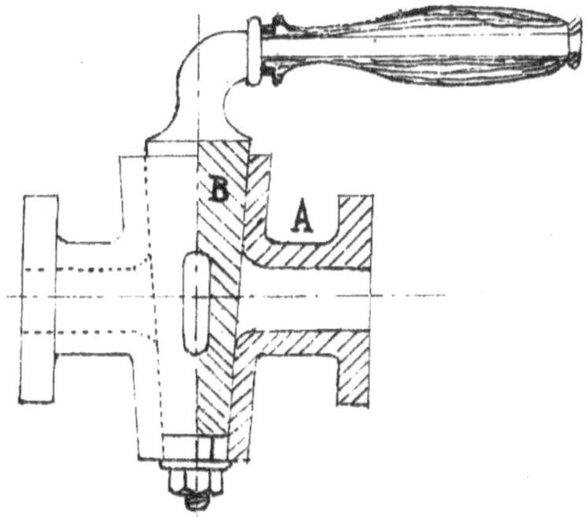

Fig. 184.

L'épaisseur des boisseaux en fonte est : $e = 12 + \frac{1}{50}\,d$. Pour le bronze, l'épaisseur n'est que la moitié de la précédente.

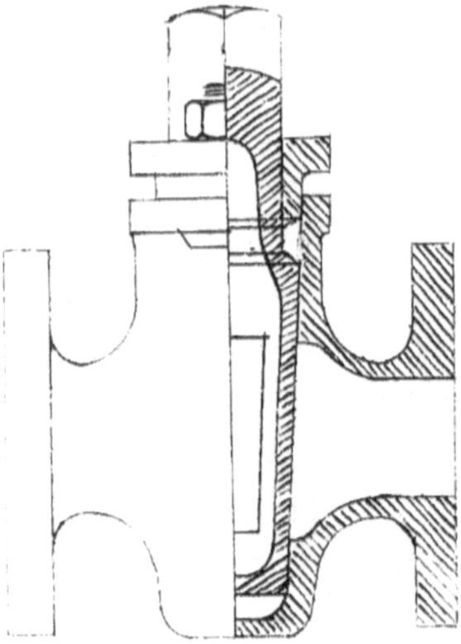

Fig. 185.

Pour les petits robinets (robinets de jauge, robinets purgeurs), la rotation se produit à l'aide d'une poignée fixe (fig. 184). Pour les gros robinets, on agit avec une clef mobile qui s'adapte dans un carré (fig. 185).

La figure 185 représente un robinet à boisseau foncé, c'est-à-dire fermé à sa partie inférieure. La clef est maintenue par un presse-étoupes. Les conduites des robinets peuvent ne pas être dans le prolongement l'une de l'autre. Il peut aussi y en avoir trois ou quatre.

La section représentée par la figure 186 est celle d'un robinet à trois voies.

Les robinets à rotation tendent à se coincer par suite de la dilatation inégale des parties. Leur manœuvre est parfois difficile, et pour les prises de vapeur, on emploie de préférence des robinets à soulèvement.

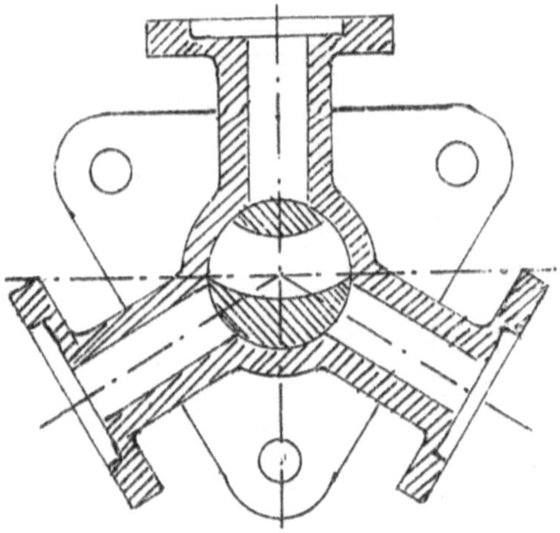

Fig. 186.

Robinets à soulèvement

Robinet Bromulger. Dans ce robinet (fig. 187), l'obturation se produit à l'aide d'une pièce conique creuse A, que l'on fait monter ou descendre à l'aide d'une vis B munie d'un petit volant. Cette pièce ne tourne pas ; elle est guidée par deux nervures *g* et, lorsqu'elle est soulevée, la conduite est complètement démasquée. Ce robinet se fait entièrement en bronze.

Robinet Peet. — (Fig. 188). La fermeture s'obtient dans ce robinet à l'aide de deux tiroirs plans *t*, qui s'écartent lorsqu'on les appuie sur un butoir *b* présentant des plans inclinés. En tournant la vis de

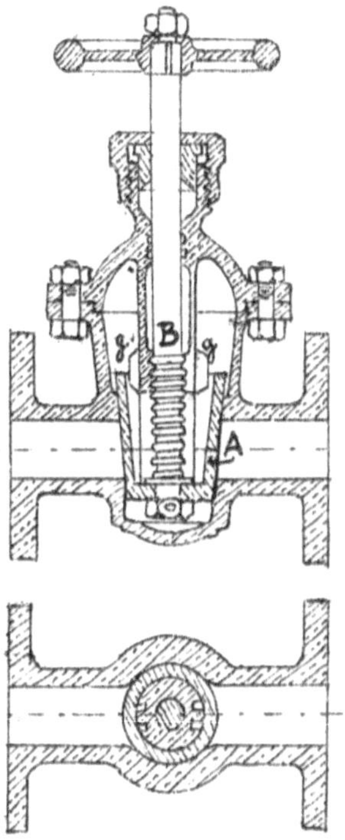

Fig. 187.

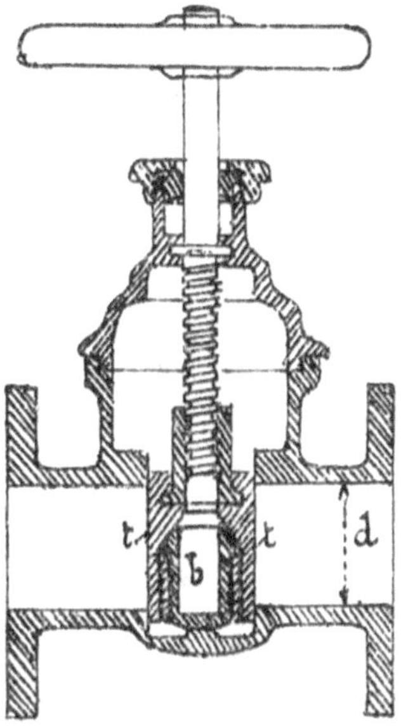

Fig. 188.

commande en sens inverse, les deux tiroirs se rapprochent d'abord, puis sont ensuite soulevés, et dégagent complètement la conduite. La vis n'avance pas comme dans le robinet précédent, un collet la maintient fixe. Les tiroirs et leurs sièges doivent être soigneusement dressés.

Robinet à soupape

Le robinet à soupape représenté par la figure 189 est entièrement en bronze. Il est remarquable par la disposition très simple de l'intérieur de la boite. Pour faciliter l'ouverture, la conduite d'amener doit être celle qui aboutit au dessous de la soupape.

Dans ce robinet comme dans les deux précédents, on peut refaire la garniture, bien que les conduits soient pleins de vapeur.

Les trois robinets que nous venons de décrire sont du type **Muller et Roger**, de Paris.

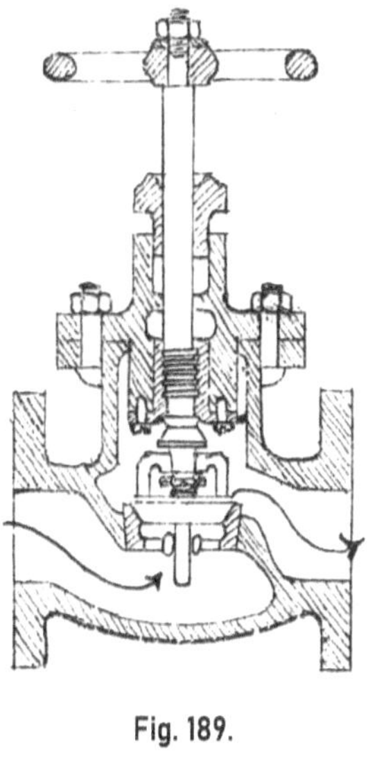

Fig. 189.

Clapets

Les clapets sont des valves planes articulées. Ils servent à intercepter les conduites d'eau ou d'air, et se font le plus souvent en matière flexible : cuir, caoutchouc, fibre. Des plaques de tôle ou de plomb sont rivées sur les clapets pour leur donner plus de rigidité et aider à leur fermeture. On fait aussi des clapets métalliques de forme rectangulaire, en fonte ou en bronze (fig. 190). Le clapet en cuir (fig. 191) est celui d'une pompe domestique.

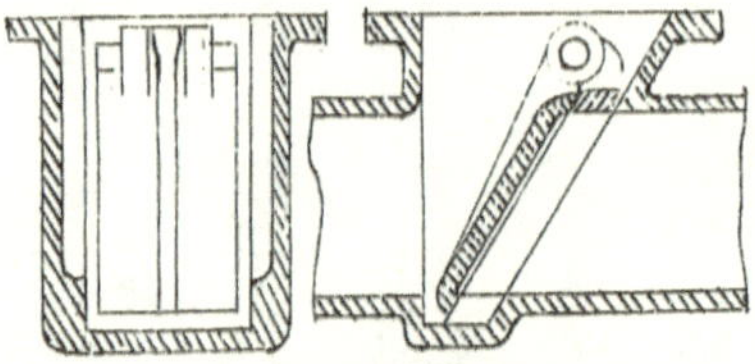

Fig. 190.

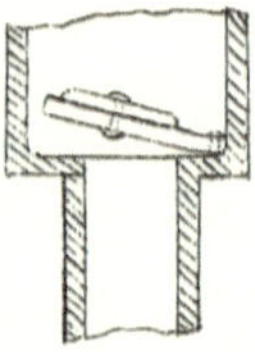

Fig. 191.

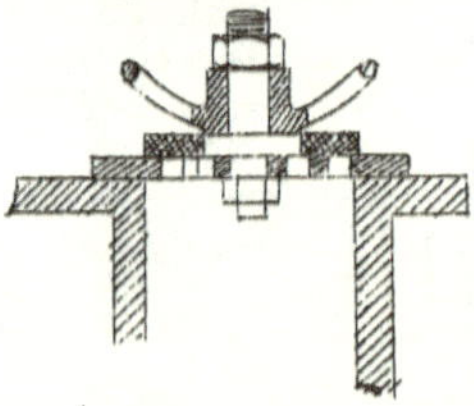

Fig. 192.

Le dispositif de la figure 192 est très employé pour les condenseurs. Le clapet est en caoutchouc et son siège a la forme d'une grille. Le soulèvement est réglé au moyen d'un guide cintré, en fonte.

Soupapes

Les soupapes sont des obturateurs à mouvement rectiligne.

Soupape à ailettes. — Cette soupape (fig. 193) est la plus communément employée. Elle se fait entièrement en bronze, pour éviter L'oxydation ; son siège, plan ou conique, est souvent rapporté dans la *boîte à soupape* ou *chapelle.*

Le guidage se fait en dessous, par trois ou quatre ailettes venues de fonte, et aussi quelquefois en dessus, par une petite tige *m* qui pénètre dans le bouchon de la boîte et règle en même temps la levée.

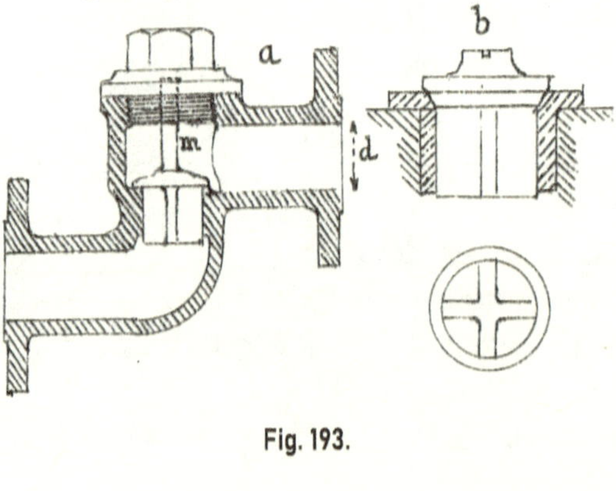

Fig. 193.

Cette soupape doit au moins se soulever d'une hauteur égale à $d/4$ pour assurer une circulation convenable du fluide. Ce genre de soupape est celui adopté comme dispositif de sûreté pour les générateurs.

Soupape à boulet

La soupape sphérique ou à boulet (fig. 194) est surtout employée pour les pompes d'alimentation.

Le boulet est en métal, ou en caoutchouc vulcanisé avec noyau métallique ; il doit être parfaitement régulier. Sa levée plus grande que $d/4$ est limitée par un étrier.

$$D = 1{,}5\,d$$

La longueur l de la portée est $l = 4 + \sqrt{D}$

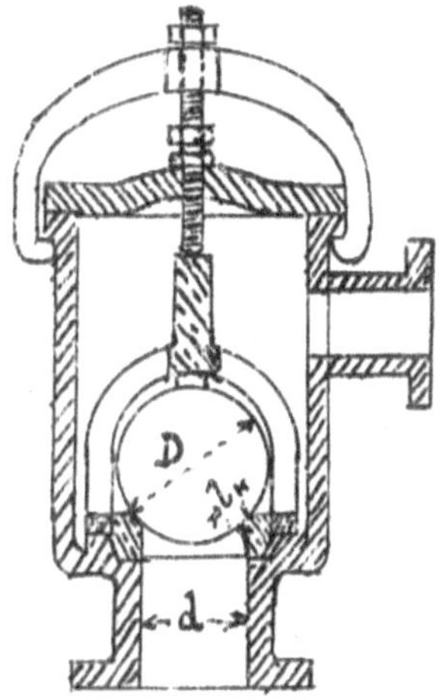

Fig. 194.

Soupape à cloche

Cette soupape (fig. 195) est ainsi appelée en raison de sa forme. Le siège, en bronze, est rapporté ; il est maintenu par un boulon et un étrier. Il y a deux surfaces de contact.

Le fluide s'introduit latéralement et s'échappe par la partie inférieure. La levée égale 0,12 D. Cette soupape est équilibrée.

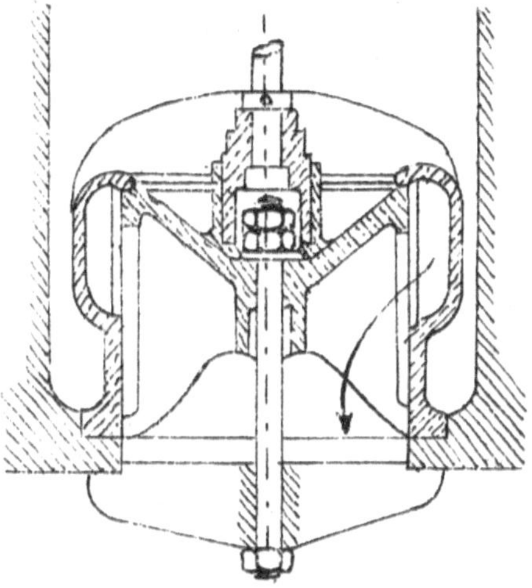

Fig. 195.

Chapitre XVIII

Tuyaux

Les tuyaux sont les organes de conduite des fluides. Ils se font en fonte, en fer, en acier, en cuivre, en plomb, en caoutchouc, en cuir, etc.

Tuyaux en fonte

Les tuyaux en fonte sont surtout employés pour les conduites d'eau, d'air et de gaz. On les enduit de bitume pour les préserver de l'oxydation.

Leur épaisseur e dépend plutôt des procédés de fabrication que des pressions intérieures, généralement faibles, qu'ils ont à supporter.

Dans le cas des conduites d'eau ou de gaz : $e = 8 + D/80$

D est le diamètre du tuyau en millimètres.

Pour les tuyaux de conduite de vapeur, en fonte, si la pression est faible :

$$e = 12 + D/50$$

Si la pression est considérable, on emploie la formule simplifiée de Lamé :

$$R / q = D / 2e$$

R est le coefficient de résistance pratique ;

q la pression intérieure en kilogrammes, par centimètre carré.

Voici le procédé employé pour le moulage des tuyaux en fonte, à l'Usine Forey de Montluçon, de la *Compagnie Commentry-Fourchambault* :

Des enveloppes cylindriques A (fig. 196) sont enfoncées perpendiculairement dans le sol de l'atelier. A l'aide d'un palan, on descend une forme métallique B à l'intérieur de ces enveloppes, et on tasse du sable autour de la forme qu'on retire ensuite. Les noyaux étant placés, les tuyaux sont coulés debout.

On prépare les noyaux cylindriques en enroulant des tresses de paille autour d'une âme en bois. Ces tresses sont recouvertes de terre et on trousse le cylindre avec une planche, en le faisant tourner.

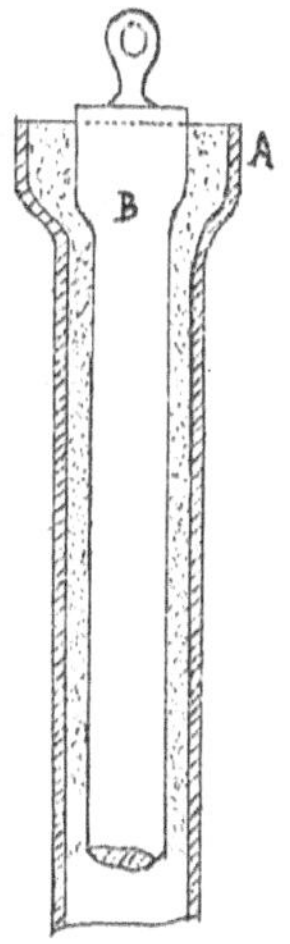

Fig. 196.

Tuyaux en fer et en acier

Les tuyaux en fer sont employés pour les canalisations d'eau et de gaz, pour les appareils de chauffage et les conduites de vapeur.

Ces tuyaux s'obtiennent surtout par soudage à chaud, avec ou sans recouvrement.

Voici le procédé employé à l'usine des *Fers creux*, à Montluçon (*Henri Rouart et Cie*) : les tôles destinées à la fabrication des tubes sont chanfreinées sur les bords pour faciliter la soudure, puis portées dans un four où elles subissent une température voisine du blanc soudant.

Au sortir du four, les tôles sont entraînées entre deux roues superposées qui les cintrent. La roue inférieure porte une gorge demi circulaire dans laquelle la roue supérieure s'engage exactement.

La tôle est chauffée à nouveau au blanc, puis glissée entre deux rouleaux dont les gorges superposées forment une circonférence entière. On repasse plusieurs fois le tube entre ces galets jusqu'à ce qu'il soit parfaitement soudé. Les tubes sont ensuite dressés et polis à la meule à émeri.

Les tuyaux en fer s'obtiennent aussi à l'aide d'une rivure à recouvrement, surtout ceux d'un grand diamètre. Enfin on fabrique des tubes en acier sans soudure, en laminant une tige pleine entre des rouleaux inclinés.

Pour calculer les tuyaux en fer on se servira encore de la formule de Lamé dans laquelle :

R = 1 kg	pour les tuyaux soudés		sans recouvrement,
6 à 9 kg	«	«	avec recouvrement simple,
25 kg	«	«	avec recouvrement en hélice,
35 kg	«	«	sans soudure.

Tuyaux en cuivre et en plomb

Les tuyaux en cuivre peuvent être fabriqués sans soudure en étirant un lingot par le procédé Monesman, ou encore en réunissant les bords avec de la brasure.

Les tuyaux en plomb sont obtenus à l'aide d'une presse spéciale. On coule du métal dans une lingotière et on le refoule sous forme de jet, à l'aide d'un piston.

R =	1 kg	pour les tubes	en cuivre brasés ;
	6 à 8 kg	»	sans soudure ;
	0,5 kg	pour les tuyaux en plomb.	

Assemblages de tuyaux

Assemblages pour tuyaux en fonte. - Pour les tuyaux en fonte servant de conduites d'eau ou de gaz, le mode de jonction le plus employé est celui de la fig. 197.

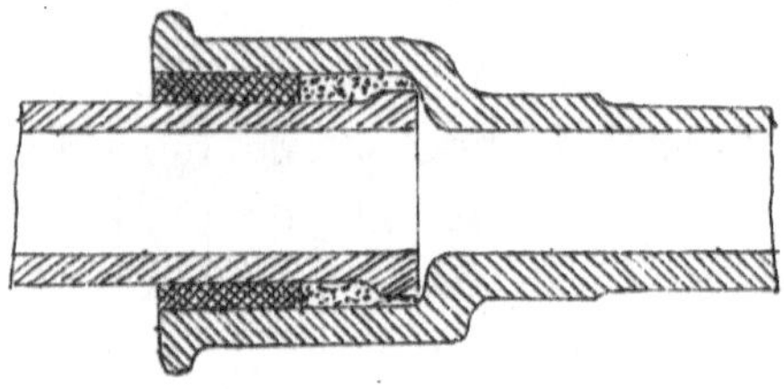

Fig. 197.

Les tuyaux sont évasés à une de leurs extrémités et peuvent s'emboîter les uns dans les autres. Dans le jeu de l'emboîture, on comprime de l'étoupe pour assurer l'étanchéité, et on maintient cette garniture par une bague de plomb en deux parties, que l'on mate fortement.

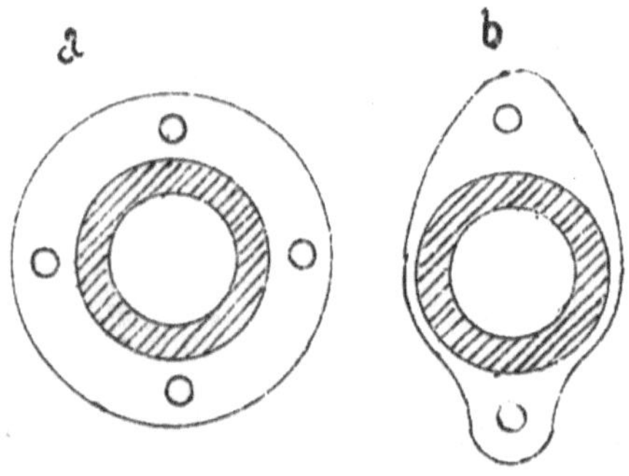

Fig. 198.

Pour les conduites de vapeur en fonte, on utilise surtout l'assemblage à brides. Les brides peuvent être rondes ou ovales (fig. 198 *a* et *b*).

Lorsqu'elles sont dressées au tour, la jonction est plus parfaite, mais il faut néanmoins interposer entre elles une matière compressible pour former joint. (Voir chapitre XIX).

Le nombre des boulons d'une bride est déterminé par la formule :

$$n = 2 + D / 50$$

D est le diamètre en millimètres ;
L'épaisseur des brides circulaires = 1,5 *e* ;
» » à oreilles = 2 *e*.

Lorsque les tuyaux doivent faire un certain angle, on les relie par des coudes (fig. 199 *a*). Pour éviter les pertes de charge des fluides, les coudes ne doivent pas être trop brusques. Dans ce but, il est bon d'employer le coude sphérique représenté par la figure 199 *b*.

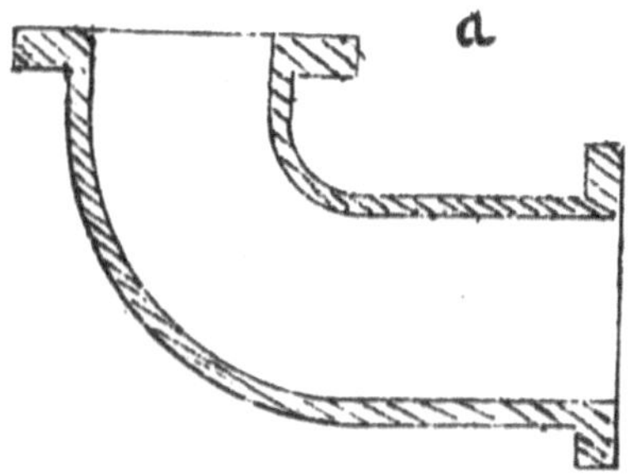

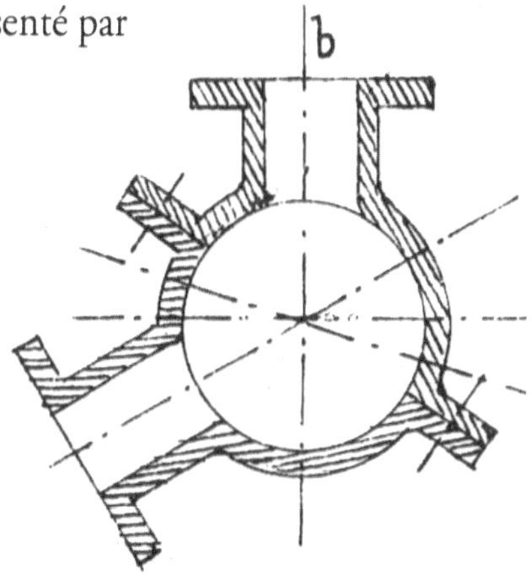

Fig. 199.

Ce coude convient pour des tuyaux dont les axes varient entre 80° et 180°.

Enfin lorsque les tuyaux n'ont pas de tendance à s'écarter, on peut employer l'assemblage à brides représenté par la figure 200. Ce joint se compose d'une bague mobile qui enveloppe les deux parties assemblées, et de deux brides réunies par des boulons. On interpose deux rondelles compressibles entre le manchon et les brides.

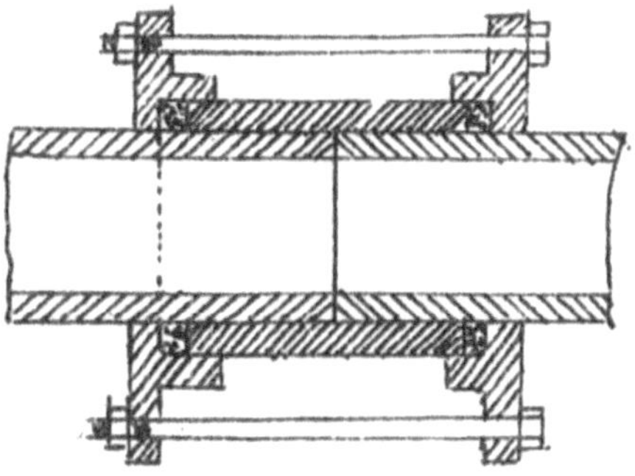

Fig. 200.

Assemblages de tuyaux en fer

On assemble aussi les tuyaux en fer ou en acier à l'aide de brides. Lorsque les tuyaux sont formés de tôles rivées, les brides, en fer ou en

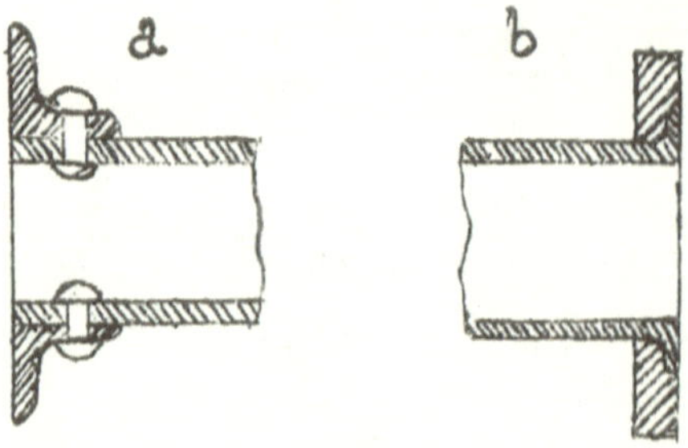

Fig. 201.

fonte, sont rivées également (fig. 201 *a*). Pour les tubes sans soudure, de faible épaisseur, on emploie des brides présentant un évidement annulaire dans lequel on rabat l'extrémité du tuyau (fig. 201 *b*).

Si l'épaisseur des tuyaux permet un filetage, on se sert d'un manchon d'assemblage pour former le raccordement (fig. 202).

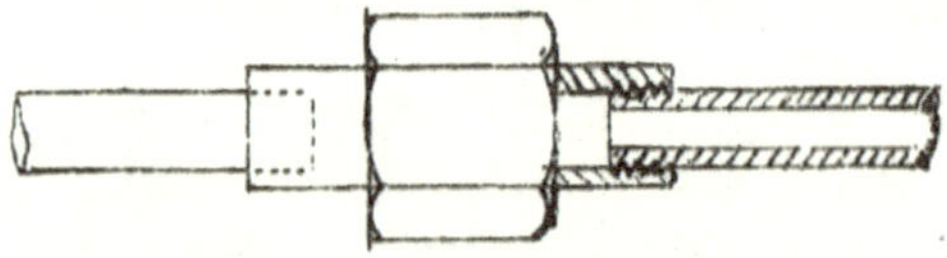

Fig. 202.

Les raccords peuvent affecter les formes les plus diverses, et on peut s'en servir pour réunir des tuyaux à l'aide de brasure.

Assemblages de tuyaux en cuivre

Les tuyaux en cuivre s'assemblent de deux façons : à l'aide de brides ou à l'aide de raccords. Les brides sont libres ou brasées et présentent un logement dans lequel on rabat l'extrémité du tuyau.

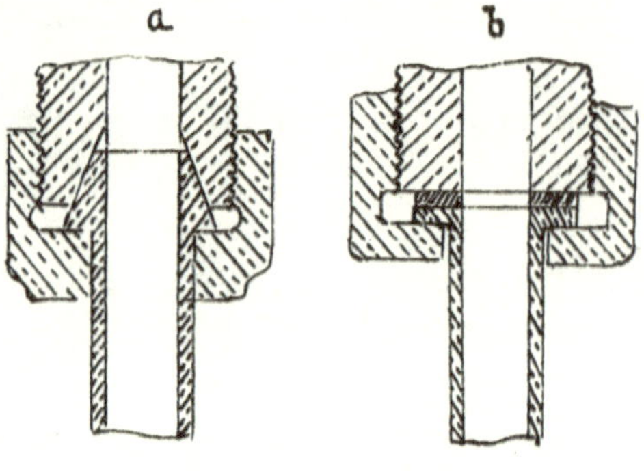

Fig. 203.

Les raccords sont filetés intérieurement pour s'adapter sur l'organe auquel aboutit le tuyau ; extérieurement ils ont la forme d'un écrou. On brase un cône ou une rondelle à l'extrémité du tuyau (fig. 203 *a* et *b*).

Assemblages pour tuyaux en plomb

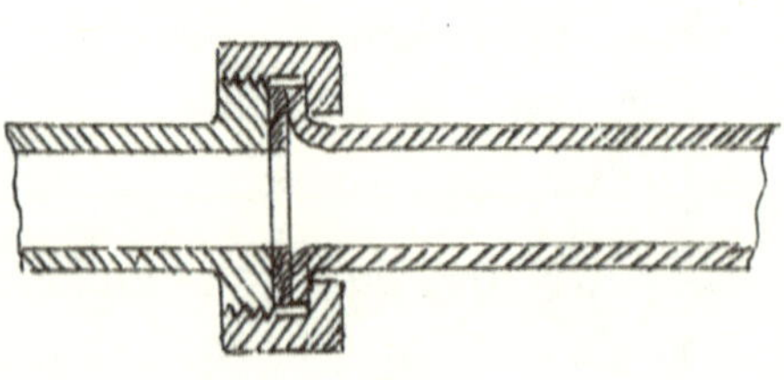

Fig. 204.

Les tuyaux en plomb s'assemblent très fréquemment

par soudure, mais on utilise aussi la jonction à brides. La figure 204 représente la jonction d'un tuyau en plomb avec un tuyau en fonte à l'aide d'un raccord fileté. Une rondelle de caoutchouc est interposée pour former joint

Enveloppes calorifuges

Lorsque les tuyaux de conduite de vapeur ont une certaine longueur, ils doivent être soigneusement enveloppés si l'on veut éviter une grande déperdition de chaleur.

Les enveloppes employées à cet effet varient à l'infini. Ce sont des bourrelets ou des tresses de paille, de feutre, de laine, des mortiers ou, ce qui est préférable, des calorifuges à l'amiante.

Les chaudières de locomobiles reçoivent un habillage en bois recouvert d'une enveloppe en laiton.

Les chaudières de locomotives sont simplement recouvertes d'une enveloppe aussi étanche que possible. La couche d'air enfermée sert de calorifuge.

Chapitre XIX

Joints. – Mastics. – Alliages

Joints

On donne le nom de joints à des surfaces dressées, entre lesquelles on interpose du mastic ou tout autre matière compressible pour assurer l'étanchéité d'un réservoir ou d'une conduite contenant un fluide.

La matière interposée est comprimée par le serrage des boulons qui unissent les brides formant joint.

Le serrage des boulons doit se faire très uniformément et graduellement, pour que les surfaces des brides ne gauchissent pas.

Les surfaces doivent être parfaitement dressées et très propres. Le joint doit être aussi mince que possible.

L'exécution de certains joints avec du mastic, demande du soin et de l'adresse ; pour les chaudières, on conçoit les inconvénients qui peuvent résulter d'un joint mal fait : jeter le feu, vider la chaudière, refaire le joint, remplir et rallumer à nouveau.

Les produits qu'on emploie généralement pour faire les joints sont les suivants : des mastics, du carton amianté, du caoutchouc, du cuivre, du plomb.

Joints avec mastics

Le mastic de minium est le plus utilisé pour la confection des joints de vapeur. C'est un mélange de céruse, d'huile de lin et de minium dans lequel se trouve une petite quantité d'étoupe de chanvre.

Après avoir bien nettoyé et graissé les surfaces de joint, on y étale de petits cylindres de minium que l'on forme en les roulant dans les mains ;

on les aplatit ensuite avec le pouce, et quelquefois on interpose une petite ficelle au milieu du joint.

Un joint fait avec ce mastic est excellent, mais il faut avoir soin de le laisser sécher avant de faire passer la vapeur. La chaleur le durcit ensuite.

Pour des petits joints, on emploie quelquefois de la céruse seule.

Le mastic *Serbat* s'emploie comme le précédent ; il résiste mieux à la chaleur. Le mastic de fonte convient pour des joints qui se démontent très rarement. On le tasse dans des rainures ménagées à cet effet ; il devient très dur.

Joints en cuivre

Le cuivre s'emploie pour la confection des joints sous forme de baguettes profilées dont on soude les deux bouts et avec lesquelles on fait des cadres ou des cercles, suivant la forme des brides. La pression des boulons écrase les nervures du cuivre et rend le joint étanche. Il ne faut pas serrer les boulons outre mesure, car on déformerait les brides.

Ces joints en cuivre s'emploient seuls ou enduits de minium; on leur reproche de détériorer les surfaces dressées.

Il existe aussi de la toile métallique en cuivre. On enduit cette toile des deux côtés avec du minium, après avoir découpé l'ouverture du tuyau et le passage des boulons.

Joints en plomb

Les joints en plomb conviennent surtout pour les accessoires de chaudière et la robinetterie. On emploie le plomb sous forme de rondelles minces que l'on enduit de minium ou de céruse.

Joints en amiante, en caoutchouc

L'amiante est une substance minérale incombustible ; traitée comme la pâte à papier, l'amiante est très commode pour la confection des joints. Ceux-ci peuvent être exécutés à l'aide de bandes qu'on assemble par moitié à leurs extrémités, de cette façon, il n'y a pas de déchet. Le carton d'amiante doit être mouillé avant d'être posé sur les brides, et celles-ci enduites d'une couche d'huile de lin, afin d'éviter que le carton ne se déchire lorsqu'on démontera le joint.

Le caoutchouc employé pour les joints de vapeur diffère de celui employé pour les conduites d'eau ; il doit en effet résister à l'action de la chaleur, et ne pas renfermer de soufre qui altérerait les surfaces en fonte.

Les joints en caoutchouc et ceux en amiante sont découpés à l'emporte-pièce ou avec un compas tranchant. Ils se dessèchent par suite d'un repos prolongé.

Joints en fibre

La fibre vulcanisée est une espèce de carton rouge composé de sciure de bois ayant subi une préparation chimique. La fibre est principalement employée comme isolant dans les appareils électriques, mais on en fait aussi d'excellents joints pour les conduites d'eau ou de vapeur à basse pression. La fibre se gonfle au contact de l'eau et résiste bien aux liquides corrosifs. Pour les pompes à clapets, la fibre remplace avantageusement le cuir ou le caoutchouc.

Joints en cuir

Le cuir est exclusivement employé pour les conduites d'eau. Il faut avoir soin de l'enduire de suif sur les deux faces (cuir gras). Le cuir convient même pour des surfaces bossuées ; il se découpe aisément suivant n'importe quel profil.

Mastics

Mastic au minium. — Le mastic rouge au minium pour joints de vapeur est composé de :

	650 grammes	de minium (oxyde de plomb),
Pour 1 kg	300 »	de céruse (oxyde de plomb renfermant de l'acide carbonique),
	50 »	d'huile de lin,
	1 »	d'étoupe de chanvre.

On trouve ce mastic tout préparé, en boîtes, mais on peut aussi le faire soi-même en battant au marteau du minium en poudre avec de la céruse et en ajoutant au fur et à mesure de l'huile de lin. La pâte doit pouvoir se rouler dans la main sans se briser, ni y adhérer. Ce mastic ainsi que la céruse se conserve sous l'eau.

Mastic Serbat. — Ce mastic pour joints se trouve tout préparé; sa composition est la suivante :

Bioxyde de manganèse	20 parties.
Sulfate de plomb	70 »
Huile de lin	10 »

Ce mélange durcit rapidement à la chaleur et peut se fondre avec un fer rouge. Sa couleur est noire avec des points brillants.

Mastic de fonte. — Employé pour des joints qui se démontent rarement, ou pour des scellements. Sa composition pour un kilogramme est de :

Limaille de fonte tamisée	0,960	kg
Sel ammoniac en poudre	0,025	kg
Fleur de soufre	0,015	kg

On mélange le tout dans un baquet en pierre en ajoutant une très petite quantité d'eau. Il se produit lors du mélange une élévation de température. Ce mastic peut également se conserver dans l'eau. Il est assez peu employé.

Mastic des fondeurs. — Pour un kilogramme de ce mastic, il faut faire le mélange suivant :

Limaille de fonte tamisée,	55	grammes.
Ardoise pilée	22	»
Cire jaune	12	»
Mine de plomb	5	»
Fleur de soufre	5	»

Ce mastic sert à boucher les soufflures des pièces fondues. On chauffe le mélange dans une poche en fer et on le coule dans les soufflures. Ceci,bien entendu,pour les parties qui doivent rester brutes et en supposant que ces défauts n'altèrent point la solidité des pièces.

Mastic des vitriers. — Ce mastic s'obtient en broyant de la craie avec de l'huile de lin. Il ne convient pas pour les joints et est employé dans les ateliers pour boucher les trous des pièces de bois ou des bâtis en fonte avant la peinture.

Alliages

Bronze. — C'est un alliage composé de cuivre et d'étain. Celui qu'on emploie pour les organes de machines renferme environ 10 % d'étain et une très petite quantité de zinc (1 %). Celle-ci est nécessaire pour réduire l'oxyde de cuivre qui se forme dans le creuset.

Le bronze est d'un très bel effet dans les machines, mais son prix est élevé. Le coefficient de frottement du fer sur le bronze est faible, 0,03 avec un bon graissage. Aussi cet alliage convient-il très bien pour la fabrication des bagues, coussinets, disques d'excentriques, semelles de coulisseaux.

Pour les pièces soumises à un frottement considérable, comme les coussinets des arbres de couche, on emploie de préférence du bronze phosphoreux. Le phosphore éliminant les oxydes, rend le bronze plus homogène et par suite plus résistant.

Laiton. — C'est un alliage formé de cuivre et de zinc, ductible et malléable à froid, cassant à chaud ; il se moule aisément comme le bronze.

Le laiton n'est guère employé que pour les accessoires de machines : vis, graisseurs...., mais il convient surtout pour les tubes à fumée des générateurs. Dans ce cas, il renferme 70 parties de cuivre et 30 de zinc.

Antifriction. — C'est un alliage qui a pour but de réduire les frottements des organes. La composition de ce métal au chemin de fer de Paris-Lyon est la suivante :

Étain	71 parties,
Antimoine	24 »
Cuivre	5 »

L'antifriction doit être enchâssé dans les pièces. À cet effet, on pratique dans celles-ci des cavités en queue d'hironde que l'on étame avant de couler l'alliage.

Chapitre XX

Soudures & Brasures

Soudures à l'étain

Pour souder les coussinets, pour réparer les accessoires des machines, tuyaux, graisseurs, godets à huile, on se sert fréquemment de la soudure à l'étain. À l'aide d'un fer rouge ou d'une lampe à essence on fait couler cet alliage entre les surfaces à réunir.

Les parties à souder doivent être préalablement bien mises à découvert ; c'est une condition essentielle pour faire prendre la soudure. On enduit ces surfaces d'esprit de sel, c'est-à-dire d'acide chlorhydrique dans lequel on a fait dissoudre des déchets de zinc.

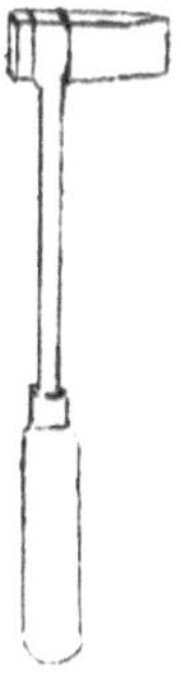

Fig. 205.

Le fer à souder (fig. 205) étant chauffé au feu de forge, ou de préférence au charbon de bois, est nettoyé avec une vieille lime, puis frotté rapidement sur un morceau de sel ammoniaque.

En approchant le fer à souder de la soudure, il se détache des gouttelettes qui adhèrent au fer et qu'on promène sur le joint des pièces à réunir

Les fers à souder se font en acier pour le zinc seulement ; pour tous les autres métaux, ils sont en cuivre rouge.

L'esprit de sel convient pour tous les métaux, sauf pour le plomb que l'on frotte avec du suif ou de la résine.

La soudure à l'étain ne prend pas sur la fonte ; pour le fer, il faut d'abord étamer les surfaces à réunir.

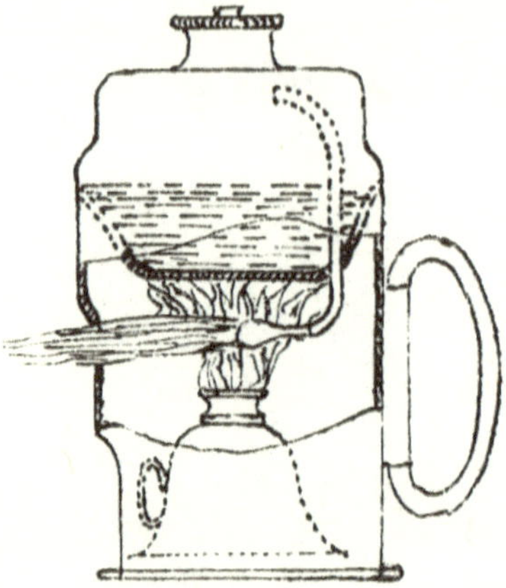

Fig. 206.

Pour réunir les tuyaux en plomb, on emploie la lampe à souder (fig. 206). C'est une petite lampe renfermée dans une sorte de lanterne et qui chauffe un réservoir contenant de l'esprit de vin. Un tube plonge dans ce réservoir et amène les vapeurs au-dessus de la lampe où elles s'enflamment.

Le jet produit est dirigé sur les tuyaux. Ceux-ci sont préparés comme suit : l'un est évasé à l'aide d'un cône en bois, l'autre au contraire est aminci au marteau et à la lime pour pouvoir pénétrer dans le premier.

On chauffe d'abord légèrement pour faire fondre le suif, puis on chauffe fortement les tuyaux et la soudure.

La soudure à l'étain, dite des ferblantiers, se compose de deux parties d'étain et d'une partie de plomb. On la vend en lingots, mais pour s'en servir plus aisément, on la coule en baguettes dites targettes. La soudure des plombiers se compose de deux parties de plomb et une d'étain.

Soudure électrique

Le fer est le seul métal à soudure autogène, c'est-à-dire qu'on peut réunir deux morceaux de fer au feu de forge, sans fusion, et sans l'intermédiaire de soudure. Les autres métaux : fonte, cuivre, bronze, nécessitent la fusion ou l'emploi d'une soudure.

Or, les inconvénients de la soudure sont nombreux ; ce mode de jonction est d'ailleurs peu résistant et ne saurait convenir dans bien des cas.

Pour réunir les métaux autres que le fer, il faut avoir recours à la fusion. Dans ce but, on a essayé d'utiliser la chaleur électrique qui permet d'obtenir des températures élevées.

Les pièces à souder sont pressées l'une contre l'autre et soumises à l'action d'un courant à haute tension ou à celle de l'arc voltaïque.

On a obtenu par ces procédés des résultats satisfaisants, mais les applications industrielles sont encore très limitées.

Brasures

La brasure est une soudure en grains composée de cuivre rouge et de zinc. On emploie beaucoup ce mode de jonction pour la tuyauterie des machines. Il convient surtout pour réunir le fer et le cuivre rouge ensemble ou séparément.

Comme pour la soudure à l'étain, les parties à réunir doivent être bien mises à vif, assemblées le mieux possible, puis couvertes de brasure. On chauffe modérément sur un feu de forge en ayant soin de concentrer la chaleur sur les pièces à braser à l'aide d'un morceau de tôle.

Il faut ajouter quelques grains de borax sur la brasure. Le borax en fondant forme une pâte qui retient la brasure et réduit les oxydes.

Dans les ateliers importants, on se sert pour braser d'un petit four au coke (fig. 207). Un ventilateur envoie de l'air en A, et on utilise le jet de flamme qui se produit à l'ouverture B.

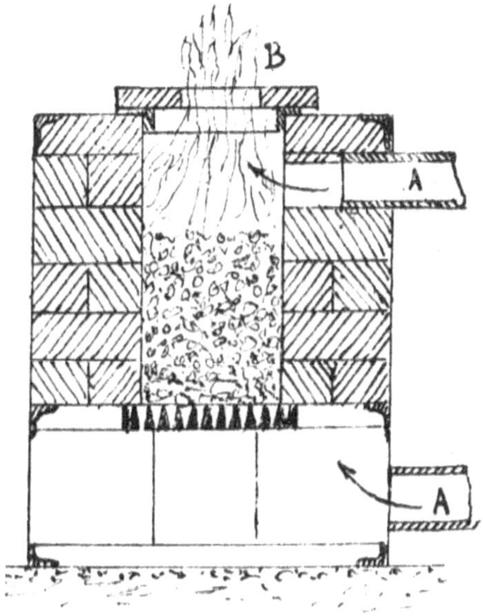

Fig. 207.

Chapitre XXI

Huiles et graisses

Le graissage des machines est une question très importante en mécanique. Un bon graissage, tout en assurant la conservation des organes, diminue le coefficient de frottement. Il en résulte une économie réelle dans le charbon brûlé.

Mais il est indispensable que le graissage soit fait dans de bonnes conditions. D'abord les appareils graisseurs doivent être appropriés aux organes qu'ils sont chargés de lubrifier et les ingrédients employés doivent être de très bonne qualité. Il faut aussi faire une distinction entre le graissage à froid et celui des organes chauffés par la vapeur.

Pour le graissage des machines, on emploie des huiles et des graisses.

Huiles

Les huiles qui conviennent le mieux sont les huiles minérales obtenues par la distillation des pétroles ; on se sert cependant dans certains cas des huiles animales ou végétales.

Le graissage des cylindres des machines à vapeur est celui qui demande le plus de soin. Il faut employer pour cet usage des huiles purement minérales, sans addition d'aucun autre corps gras. Les suifs, graisses, huiles végétales, doivent être absolument proscrits. Ces matières se décomposent sous l'influence de la chaleur en acide gras et en glycérine, encrassent les segments des pistons et corrodent la fonte des cylindres. Entraînées dans la chaudière, ces matières grasses attaquent les tôles et facilitent les coups de feu.

Le prix des huiles minérales pour cylindre varie de 100 à 200 francs les 100 kilos.

Pour le graissage des autres organes, on emploie des huiles minérales de qualité moindre. Pour les gros mouvements et les transmissions, on peut se servir des huiles russes ou oléonaphtes. Ce sont des huiles minérales de qualité ordinaire.

Parmi les huiles animales, les meilleures sont celles qu'on extrait des pieds de bœuf ou de mouton. Elles conviendraient très bien pour le graissage des machines, mais leur prix élevé en a restreint l'application aux appareils d'horlogerie. L'huile de cheval est bien meilleur marché, mais de qualité inférieure.

On fabrique aussi des huiles avec le lard des baleines.

Les huiles végétales sont peu employées pour le graissage. L'huile de lin sert à la fabrication du minium et à la préparation des peintures ; elle convient très bien pour la trempe et le taraudage.

L'huile de colza est utilisée en mécanique pour donner du mordant aux mèches et aux outils de tours.

L'huile d'olive sert pour le graissage des petites machines.

Les huiles végétales et animales étant débarrassées, au moyen d'acide, des mucilages qu'elles contiennent, sont impropres au graissage à chaud, car, sous l'influence de la chaleur, l'acide est rendu libre, et on a vu précédemment les inconvénients qui peuvent en résulter. De plus, ces huiles coulent trop aisément. Elles conviendraient bien pour le graissage à froid, mais leur prix étant trop élevé, on leur préfère les huiles minérales.

En principe, l'huile la plus fluide et la plus lubrifiante est la meilleure. Faisons remarquer à ce sujet qu'il ne faut pas confondre la densité avec la viscosité ; une huile peut être très lourde et ne pas graisser du tout.

Graisses

Pour le graissage de certains organes de machines à vapeur ou de moteurs à pétrole, pour les transmissions, on emploie beaucoup aujourd'hui des graisses consistantes.

Ce sont des produits obtenus par la saponification des huiles minérales. Ces graisses doivent être lubrifiantes, ne pas se congeler et avoir leur point de fusion élevé.

Les graisseurs employés sont du genre *Stauffer*. Une pression automatique ou exercée à la main force la graisse à couler. Pour faciliter l'entraînement, il est nécessaire que les pattes d'araignées de l'organe lubrifié ne soient pas à angles vifs.

Le suif est employé dans le cas d'échauffement des coussinets, mais il convient surtout pour les boîtes à graisse des véhicules.

La maison *Lacoste*, de Bordeaux, emploie sous la forme de petites chevilles, un lubrifiant qui supprime complètement le graissage. Les chevilles s'implantent dans les coussinets, les bagues de poulies folles, etc.

Table des Matières

Première partie
Résistance des matériaux

Deuxième partie
Organes de machines

technologie

www.decoopman.com

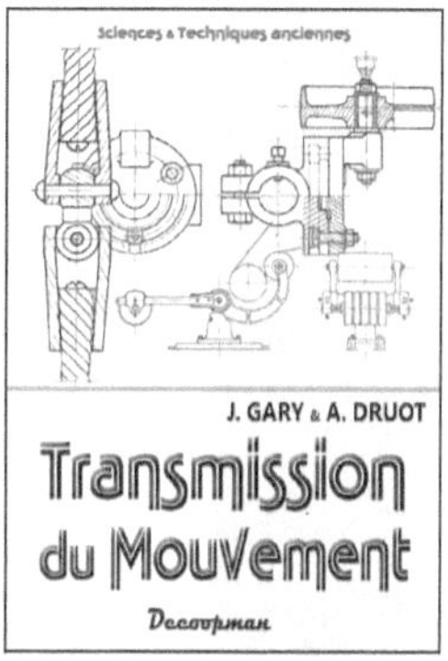

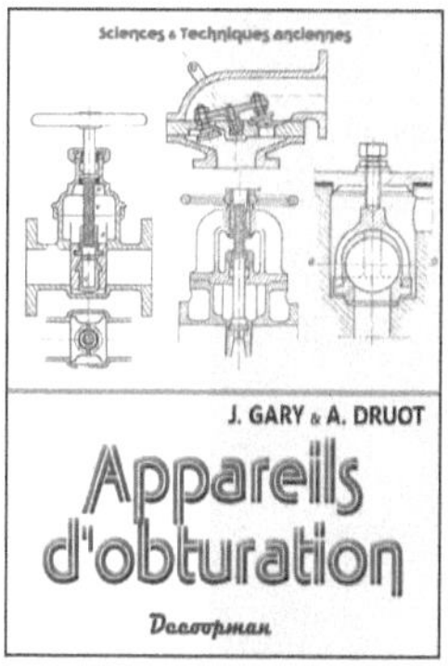

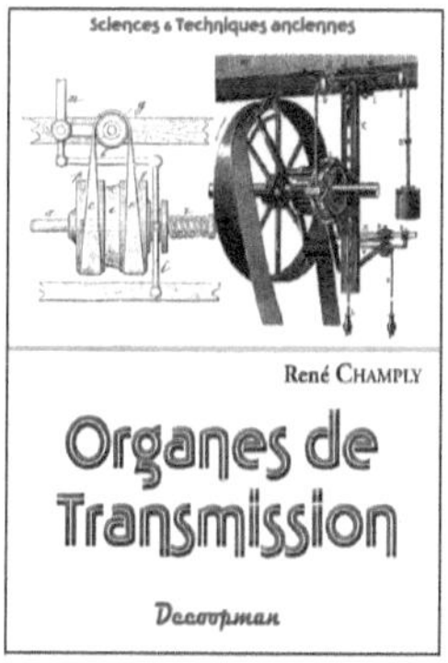

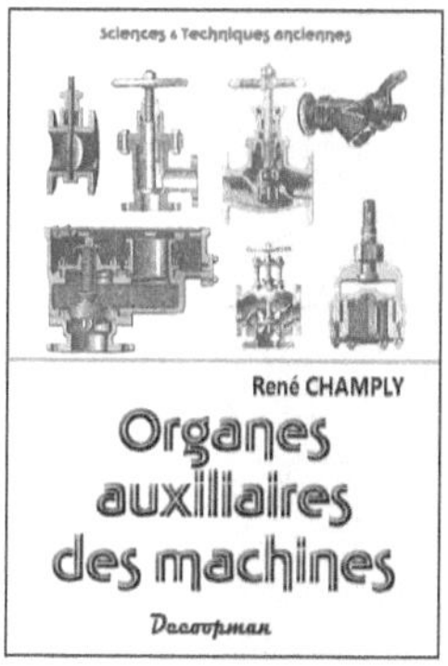

Éditions Decoopman - Ferrières - 30440 Saint-Laurent-le-Minier
Tel: +33 (0) 4.67.73.90.95 - web: www.decoopman.com - e.mail: livres@decoopman.com

www.ingramcontent.com/pod-product-compliance
Lightning Source LLC
LaVergne TN
LVHW090439061026
849522LV00002B/700
9782369652168